读客® 睡前心灵文库

把睡前的时光还给心灵

阿鲁老和尚开示：

卸下
心头重担

阿鲁老和尚 著

施元昊 单暖暖 译

河南文艺出版社

图书在版编目（CIP）数据

卸下心头重担 /（斯里）阿鲁老和尚著；施元昊，

单媛媛译 .-- 郑州：河南文艺出版社，2014.10

ISBN 978-7-80765-968-6

Ⅰ.①卸… Ⅱ.①阿… ②施… ③单… Ⅲ.①人生哲

学—通俗读物 Ⅳ.① B821-49

中国版本图书馆 CIP 数据核字（2014）第 031358 号

Bound volume of YUIGI NA IKIKATA and
NAYAMI TO EN NO NAI IKIKATA by Alubomulle Sumanasara
All rights reserved.
Original Japanese edition published by Samgha Publishing Co., Ltd.
Simplified Chinese character translation rights arranged with
Samgha Publishing Co., Ltd., through Timo Associates Inc., Japan and
Beijing GW Culture Communications Co., Ltd., China.
Chinese edition copyright © 2014 Shanghai Dook Publishing Co., Ltd.

著　者	阿鲁老和尚
译　者	施元昊　单媛媛
责任编辑	杨彦玲
特约编辑	读客潘炜　读客赵晨凤
策　划	读客图书
版　权	读客图书
封面设计	读客图书　021-33608311
出版发行	河南文艺出版社
印　刷	北京盛兰兄弟印刷装订有限公司
开　本	890mm x1270mm 1/32
印　张	11
字　数	187 千
版　次	2014 年 10 月第 1 版　2014 年 10 月第 1 次印刷
定　价	36.00 元

如有印刷、装订质量问题，请致电 010-85866447（免费更换，邮寄自付）

前 言

无论是谁，都希望有意义地生活，有意义地安度人生吧？

那么，我来问大家一个问题，你现在的活法称得上"有意义"吗？也许我这么说你可能不明白。虽然这句话看上去简单易懂，但究竟怎样的一种活法才能叫作"有意义"的活法呢？如何才能实现"有意义"的活法呢？若大家只是粗略考虑一下，肯定无法回答吧。

在这里，我将会告诉你一个轻松判断的方法。请大家考虑下面这个问题：临睡前，你能说出"今天是快乐的一天"吗？

如果你回答"是"，那么你今天是过得充实且有意义的。然而，也有很多人怀疑，自己是不是足够幸福，是不是能够说出"嗯，今天很快乐"这句话。这才是这个问题的关键所在。

接下来，让我与你一同思考这个问题，了解佛陀留下的"佛教真言"，帮你感知充实与幸福，度过有意义的每一天吧！

也或许你会这样想："所谓'佛教真言'是助人成佛的吧？跟我们这些活在当下的人有什么关系呢？"诚然，这样去想没有什么问题。释迦牟尼的中心思想也确实是解脱、彻悟与涅槃，但这些的确是"有意义"的活法所追求的目标。因为只有选择了最正确的路，才能到达生命的最高峰。因此，我们最好借鉴佛陀的智慧来回答"该怎么活"这个问题。若能牢牢遵循释迦牟尼的教诲去活，不论是谁都可以度过一个有意义的人生。

释迦牟尼的开示，是"超越了尘世间人与人的关系、神圣而优越的"。佛陀的言说，不同于凡人的话语，佛陀是通过与普通人大相径庭的思考之后，得出了如此具有超凡智慧的言论。

然而事实上，释迦牟尼的开示并没有太多专业术语修饰，简单明了，不论是谁，不论水平高低，都能轻而易举地理解。因为佛陀传授其智慧的能力也远在众生之上。

释迦牟尼既解答了人们的提问与疑惑，又阐述了许多道理。有时被问及一些无关紧要甚至毫无意义的问题时，佛陀便以不作回答作为回答，因为佛陀从不说没有意义的话。

所以，可以说释迦牟尼的开示全是有意义的，对我们很有帮助，没有徒劳无益的无用功。佛教中，徒劳也是一种罪过。

不同的人为了各自"有意义的人生"而采取了各自不同的活法。然而，他们自私地追求自己的活法，都称不上是真正"有意义的活法"。

为什么？因为尘世间公认"有价值""有意义"的事物，在特定场合下也是无用的。此外，世人还把感官的享受错当成了幸福。但实际上，感官的享受没有任何价值。更不要说，感官享受使人偏离正道，是产生"徒劳"的祸根。

因此，人们盲目追求的活法，都称不上幸福的活法。流连于现实社会价值之中，这样的人生到头来终是竹篮打水一场空。由此我们明白，释迦牟尼所描述的"正道"，是活得有意义的唯一方法，只有跟随这个方法前进，才能真正获得有意义的人生。

然而，这条正道并非可以盲从的。这是一段自始至终以"自己"作为目标，令人激动的生命旅程。倘若发现了这条正道，便能够体会到一种无上的喜悦之感，这是尘世间任何所谓的"成功者"都无法体验到的。

祈愿三宝护佑。

阿鲁老和尚

目录

第六章　每天都是好日子 / 275

众生快乐歌

任何存在的众生，

不论是弱或强，

是高大或壮实，

矮小或中等体积，

瘦小或肥胖，

那些可见到或不可见到，

及那些已出生的，

或那些等待诞生的，

愿一切众生快乐！

每天都是好日子经

过往之事不可追，未来之事不可求；

往昔一去不复返，来者不见空自忧；

当下片刻诸现象，常想常念常观想；

迷惑动摇皆抛弃，智者修此当下时；

今朝之事今朝毕，明朝生死谁人卜；

如若修得此种行，纵然生死不能扰；

佛祖释迦如是云，昼夜不惰勤精进；

世人若能修此行，每天都是好日子。

第一章

卸下你心头的重担

拥有幸福、有意义的人生

人应该怎样活着？

怎样的人生，才能让我们说出"有意义"三个字呢？释迦牟尼对这个问题也有解答。现在，让我们一起思考一下释迦牟尼的答案。

"人应该怎样活着"这个问题，其实我们很难单独来回答。我们每个人都有自己不同的人生道路，都拥有只属于自己的活法。那些人生道路顺利的人，意气风发地奋斗着；那些人生道路不顺利的人，不知所措地彷徨着。那些彷徨的人在犹豫，不知道该怎么办才好。

"我的路"与"别人的路"千差万别，大家都竭尽全力、各自精进。道路虽然不同，但本质上并没有好与坏的分别。

但是，若我自私任性地决定了自己的路，这条路一定称不上"正确"。每个人自私任性的活法最终会对整个社会产生困扰，甚至让自己陷入不幸之中。烦恼、痛苦、纷争，此起彼伏，人们的心情始终不能舒畅，"快乐地活着"便成了一纸空谈。所以，每个人基于自私任性而主观选择的路都不是"正道"。

于是，释迦牟尼便开始教给世人真正的"正道"，用超越当时世人的智慧指出了这条正确之路。

佛陀将人的正确活法归结为八种，称作"八圣道"。但"道"的意思比较暧昧不清，因此又可以称为"八正道"，因为这是每个立志修行的人必须走的正确道路。这是凡人智慧的极限，但对于每一位实践它的人，不论谁都能走向完满的幸福。

践行"八正道"的六大好处

围绕释迦牟尼所传谕的"八正道"来展开阐述，会形成对"有意义的活法"的讨论。"八正道"是一个人彻悟的必经之路，任何亲身践行之人都能因此变得出众，可谓超凡的教谕。

践行"八正道"，会对一个人产生怎样的影响？下面，让老和尚来阐述一下它的六大好处吧。

①生眼

尘世的众生因为无明而无法理解真理。但若能践行"八正道"，便能生出未曾有过的"眼"，看见不曾留意到的事物。

②现智慧

拥有了新的"眼"，便能拥有至今为止都不曾有过的新智慧。

③使心灵清明而安稳

你有注意过这些事情吗？学习之后本该变聪明的头脑，却因为无法跟上知识增加的速度而开始混乱。学习提高了社会地位，但身上相应的责任也变得更为重大，自己也只好更加辛苦。虽说地位提高、责任变重都是努力学习的必然结果，但我们的心却不能因此得到平静。

在这个世界上，即使是非常优秀的学者，头脑的灵活程度也会随着年龄的增长而开始衰退，不得不承受健忘、口齿不清的痛苦。所以说，即便你用尘世的知识填满了整个大脑，也无法得到精神上的安定。

但践行"八正道"，就能带给你一颗平静而安宁的心。

④接触超越尘世的智慧，也就是接受超越世俗的知识

⑤走向彻悟

⑥体验解脱与涅槃

"解脱"与"涅槃"都代表一个人已经到达了"彻悟的境地",但它们之间仍有微妙的区别。彻悟之人,生时可称为"解脱者",死后被叫作"入涅槃"。彻悟与涅槃,在含义上,没有非常大的区别。

佛祖的讲经内容包含了这六大好处,佛祖的言谈教化对每个人都能产生帮助,是极为有意义的。

尽知苦,消除苦

佛祖口中言及"佛教",那"佛教"的目标又是什么呢?

人们践行佛教"正道"的目标当然是为了尽知苦,然后消除苦。

为了避免产生误解,佛教从不将其目标称为"获得幸福"。因为"幸福"二字的含义因人而异,会有人怀疑,若是将"获得幸福"作为目标,努力精进,是否会获得一些不那么高尚的"幸福"呢?

比如,当被告知涅槃是非常幸福的时候,我们是否会不自觉地将其与日常生活中的幸福联系起来呢?老人们或许还会觉得,涅槃的幸福感受,就应该跟平时陪孙子孙女玩,享受天伦之乐差不多吧!

但事实上,佛教所说的"幸福"与我们想到的"幸福"有着天壤之别,佛教的"幸福"无法用世间的概念框限,它是一种更高级的存在。

但是,"苦"是我们日常生活中能体验到的,它与幸福相对,不论谁都能或多或少地体验到苦的感觉。因此,我们将佛教的目标称为"消除痛苦"会更加具体,也更加准确。

而且,佛教所说的"苦"也不仅仅是我们已知的那些内容,更包含了我们所未体验到的、存在于另一个空间中的东西。发现所有的这些"苦",并将它消除,才算是达到了佛教的目标。

"人最终会去向何方?"这也是一个超越了尘世间人们的知识与概念的问题。世俗的思想也不能彻底解决这个问题。

佛教的目标是消除痛苦,换言之,它的目标也是获得幸福。"获得幸福"虽然对于佛教的目标而言不是最合适的解释,但佛教之"正道"确实是获得幸福的必经之路。

佛教意义上的幸福无处不在

佛教不追求一时的幸福。佛教所追求的幸福，是一种超凡、终极且不会随着任何场合变化而变化的境界。这一点，普通人也许无法完全理解。因为那些超越自身认知范围之外的超验知识，尘世间的众生是没有能力去完全理解的。因此，佛陀殚精竭虑，想要将到达佛教幸福境地的方法传谕世人。

佛教，从古至今就是以全人类为说法对象的。它的教义科学而客观，即使是不同民族，在佛教当中受到的对待也是相同的。

佛祖的说法任何人都无需加以妨碍。因为释迦牟尼既非只跟日本人说法，亦非只跟欧洲人说法，他的说法针对全人类。

佛祖传法的目标：众生幸福

只要提起"传法"二字，很多人就认为是集中到某个人所在的地方，举行类似竞选讲演一般的活动，但这是其他宗教的做法。佛教的传法与竞选讲演是截然不同的活动。竞选讲演时，若看到许多人愿意附和自己的意见，候选人的内心会很喜悦。因为当选了，他也会获得利益。

但无论多少人信仰佛教，佛陀也不会得到任何利益。相反，遵循他的教诲并努力践行的人却能得到很大收益。有传说曾提到，实际上佛陀也曾很讨厌说法，因为听的人悟性不高却又偏爱纠缠不休，佛陀觉得对这些人说法很麻烦，甚至一度想放弃说法。创造宇宙的主神梵天闻知后，便恳求佛陀虽然传法会令你很为难，但你要怀着一颗仁慈的心去说法。"佛祖无奈，只得继续说法。

在我看来，对于已经断去一切执念、欲望与烦恼的佛祖而言，宣讲佛教的目的绝不是希望获得任何回报，因为他得到的只有与日俱增的疲劳而已，并且释迦牟尼不太喜欢别人对自己行礼拜。"有时间来礼拜我，不如把时间花在修行之上吧，这也是对我的一种尊敬。"所以说，我们与其把精力放在纠结仪轨形式的正误上，还不如脚踏实地去实践佛法，这才是对佛陀真正的敬意。从不修行，一味敲锣打鼓举办仪典，结果只是给佛祖添麻烦。

但是，尽管释迦牟尼已经到了不仰仗任何事物的境界，但内心还怀着那份纯粹的对生命的怜悯与关怀，所以他时刻担心还在痛苦中挣扎的人们。佛陀曾这样想：我所到达的境界，所体验到的幸福与得到的安宁都是有方法可循的，我要把这些方法教给众人，让他们能够独立修行，达到彻悟。这被称为"佛陀的慈悲"。

释迦牟尼最初派阿罗汉①们传教之时，说过以下的话：

> 诸比丘！去游行！
>
> 此乃为众生利益、众生安乐、哀悯世间，人天之
> 义利、利益、安乐。

正如你从这些话中明白的一样，佛教并非只为了一部分人而存在，它是为了众生的幸福而存在的。

除了人之外，传说还有许多的神明也皈依到佛祖座下听其说法。因此不只是人类，佛教也是为了诸神的幸福而存在的。

---

① 阿罗汉：领会到最终彻悟的圣者。

人生的痛苦来自徒劳

生老病死皆有苦

佛教中"有意义"的定义是：获得幸福，消除痛苦的语言、行为、思想与实践。任何活法，如果无法从根本上消除"痛苦"，那就称不上"有意义"。

所谓"徒劳的活法"，就是一个人作为尘世社会的一员，重复做着别人都在做的事情，重复做着每天都在做的事情——上学、工作、结婚、生育后代，直至老死。这样的人生充其量不过是被情感摆布的罢了。除此以外，徒劳的人还做过一星半点别的什么事情吗？按佛教的标准，这些人的人生都沉湎于这些事情，终是一场徒劳，无论多努力，最终都无法避免在无明中死去。不论他们生前社会地位如何，不论生前是医生、议员，还是律师，死了就都没有分别了，人的生命都不过是生、老、病、死的过程。

因而，佛教并不看重尘世间普遍的活法，并认为这种活法是徒劳的。但如果我们能以"消除痛苦，增加幸福"为目的，那便是"有意义"的活法了。

盲目追求成功就是徒劳

世俗社会常将一个人在世俗的成就作为人生成功的标志，这些成就包括了诸如生育后代、积累财富、学习知识以及创造发明等活动。

但是，是不是只要完成以上这些事情的人，他们的人生便是成功的呢？尘世的成就应该会成为这些人成功的证据吧？拥有上亿的年收入，或成为知名学者，世人一定会将这个人称作"一个成功的人"吧！退一步说，即使他并不那么声名显赫，即使他只是一个普通人，那么如果他好好抚养后代，安分守己地工作，领取退休金养老，就这么活着，也会觉得这样的人生很知足吧？因为他已经拥有了属于自己的成就。

但是，对佛教而言，社会上的成就与名誉只是一场过眼云烟。世事无常，社会的名誉更是如此，对于死去的人而言，这些都毫无用处。

比如父母，含辛茹苦地把孩子养大，最后孩子还是会离开父母独立生活，甚至还有些不肖子孙讨厌自己的父母，父母病倒了也不来探望。如果是这样，作为父母还能够自豪地说出"我儿子很厉害"这句话吗？

佛陀说，任何行为必然会产生相应的结果，有因必有果，所以佛陀常规劝人们按照道德的标准来行动。这一点不只局限于工作。你的行为不论何时都会产生结果，不是这样吗？你说的、做的、想的都会产生与之对应的结果。我们常说"善有善报"，所以不论任何事情，一定要严守道德标准。但大家要牢记一点：佛教并不提倡"因为世事无常，所以工作无所谓"这种观点，这是对佛教的一种误解。

佛教不认可徒劳的活法

徒劳的活法会带来怎样的后果？佛陀曾这样来形容这种情况：

> 少壮不得财，并不修梵行，如池边老鹭，无鱼而
> 萎灭。

这段话看上去就像在嘲笑尘世的活法一样。在一片池沼干涸无鱼之后，白鹭飞走，去寻找有鱼的池沼。但是许多老白鹭年老体衰，飞不动，便只好在没有鱼的池沼边凄凉地度过余生。生活散漫的人以后的结局就是如此。

想要实现有道德的活法，人们必须从小学习并养成习惯。若非如此，便只能浑浑噩噩地活着，既无法工作，也不能挣钱，最后只能凄惨地死去。佛教绝不认可这种徒劳的活法。虽说人活着，不一定非要积累财富，但若是连道德的标准也丧失的话，那对自己只能是百害而无一利。

学习轻松、幸福的活法

学习、工作、结婚、生子，最后死亡，这是一条每个人都会经历的人生之路。但释迦牟尼教诲我们："比起这般散漫的人生，还有其他更有意义的活法。"

无知的人常说："我有一份稳定的工作，没什么不满的。"但是，我们总会产生一些不满，对生活有所抱怨。即使好好地做着一份很体面的工作，稍有理性的人也会不时产生一种非常压抑但又无法排解的烦闷感觉。即使家庭和睦，但还是对人生有困惑，觉得"欠缺点什么"。而佛教能让你明白那些有所欠缺的东西，也就是"有意义"的东西。

大家若能在孩提时代就打下良好的基础，开始构建有意义的人生，那么学习、工作也就不在话下了。"学习的确很无聊，但自己拥有比这更有意义的东西，相比而言，学习还是很轻松的。"怀揣如此想法，学习自然能变得轻松高效。工作也是如此，你不用每天拼命地做也能出色地完成任务，而且在不经意之间，这些事情就能做得很好。

然而，值得大家注意的是，像"学习即人生""工作即人生"这一类想法，其实只会让你的人生变得更加悲惨。因为这样的人生其实有所欠缺。下面我说的话，若你能理解，说不定就能找到你所欠缺的东西，也就是我所说"有意义"的东西。

自爱的人不会让自己受苦

你爱自己吗？

　　世上简直没有人配得上"正直"二字，更不用说我们都是些伪善者了。我们所做的事情相互矛盾，矛盾自然也不会带来什么好的结果。

　　前面提到的"伪善"一词其实可以有很多种解释。为了更好地说明它的意思，我想先问大家一个问题，请问："你喜欢自己吗？"或者说，请问："你真心地关心过自己吗？"请务必认真思考后再回答这个问题。如果一个人连自己都不喜欢，又何谈有益于社会呢？这样的人，又怎么会去爱自己的父母和子女呢？所以，人首先要做到的，就是真诚地关心自己。

　　但是，真心地说出"我喜欢自己"这句话，并不是一件容易的事情。所以，人们才会用很多伪善的语言企图蒙混过关。

有不少人会说"嗯！我喜欢自己""对，我关心自己"，也会有人回答"比起自己，我还是更关心我的家人"。在如今的年轻人中，还会出现类似"我不知道"这样的答案。

事实上，很多人言行不一，嘴上说着"我喜欢自己"，可在实际生活中又毫不犹豫地去干一些自甘堕落的事情。男女关系混乱，成天吃喝玩乐，肆意挥霍浪费，这样的人难道也有资格说"我喜欢自己"吗？至于那些终日外出玩乐不着家的人，他们所说的"比起自己更关心我的家人"之类的话，就是彻头彻尾的谎言了！

自爱者自守

不要再说"博爱"这种漂亮话了，老老实实地承认自己最爱的就是自己吧！每个人真正最爱的都不是身边的人，而是自己。对身边人的爱与对家庭的爱都无法超过对自己的爱。自古有之，无可辩驳。

我们都知道，真正自爱的人不会让自己陷入不幸、烦恼、痛苦、混乱与责难之中，因为他们爱自己，所以他们自守。

要知道，人们要做到自守才是真正不容易的。不吸毒、不赌博，就不会被人责难，自然也不会有烦恼，更不会有后悔与混乱。做到这些便是自守了。自爱的人会有一份好的工作，对这个世界也有很大的益处。

自爱的人能拥有幸福的生活

下面我将列出几个特征，帮助大家都拥有"自爱"的活法。

①守护家庭成员

如果家庭成员遭遇不幸，自己必须要去承受痛苦。

②维护人际关系

如果连身边的人都讨厌自己的话，渐渐地，自己也会开始讨厌自己。因此要想做到自守，一定要构建并维护好自己的人际关系。

③恪守道德规范

不守道德的人会去犯罪，这样的人根本谈不上"自爱"。

④对他人有帮助

如果能做到活着对他人有帮助的话，别人自然也会来守护自己。这便是自爱所能产生的结果。

⑤奉献快乐、喜悦

我不认为总是奉献是可怜的。但生活中，常有人抱怨："我为了这个家辛辛苦苦操劳，到头来什么好处也没得到！"这样的人，才是真正可怜的。因为他始终没为自己做过些什么，他走了一条完全错误的路。人若以"自爱"为出发点，又怎会觉得自己可怜？不仅不会，而且还会让自己的立场更加坚定，总能以一种"这样真好"的心态去面对生活。

⑥感受幸福生活

要过上梦想中的幸福生活，首先要重视自己，要爱自己。只有自爱，才能正确地生活，才能拥有梦想般的辉煌人生。

如果每个人都怀抱一种信念，相信"不论跟什么比，最喜欢的还是自己"，那么他的内心便会平和，家庭也会幸福。国家安泰，世界和平，一切都会实现。

认识自爱的重要性

在思考"自爱"这个问题的时候，与释迦牟尼同时代的桥萨罗国国王——波斯匿王的故事或许可以供我们参考。他悉心听取佛祖的教诲，对于"自爱"有着很好的理解。

波斯匿王统治的国家疆域辽阔，手下还有当时印度最强大的军队。不但如此，他还有许多妃子与仆从，家族人口多达数百人。作为一个国王，波斯匿王要统治如此辽阔的国家、统率如此强大的军队、管理如此庞大的家族并非易事，但他非常清楚地知道，只要遵循佛祖关于"自爱"的教诲，一切都会变得顺利。希望和平统治的国王都有一个共同的课题，那就是自爱。

波斯匿王知道自爱的重要性，于是经常与王后末利探讨这一话题。夫妇二人恩爱异常，国王便问王后："你最爱的人是谁？"王后回答说："我自己。"听到这个答案，波斯匿王觉得心里非常不是滋味。

不过随后，通晓佛学的王后便让波斯匿王自己回答这个问题，结果波斯匿王的答案也是如此，他最爱的人就是自己。"那么，你有什么资格觉得心里不舒服呢？你最喜欢的不也是自己吗？"当波斯匿王诚实地面对自己时，在他心中也把自己的位置放在了王后之上。

释迦牟尼是这样评论这件事的：

> 更为可爱者，其他之诸人。亦是可爱己，是故为
> 自爱，勿以伤害他。

释迦牟尼就是要告诉我们："若能真正感受到自爱，就请好好自守。这样，便不会造恶业，造恶业便是对自我的毁灭。"

造恶业不是爱自己的表现

参照自己对自爱的理解与践行，波斯匿王认为，造恶业者口口声声说"我喜欢自己"，实际上的表现却充满了对自己的厌恶。果真如此，那造恶业者的自爱难道不是错觉吗？

可是，在社会上还有很多这样的人存在。他们不顾及家庭亲人，肆意放纵玩乐，嘴上还硬说自己"很自爱"。事实上，他们这样做并非是真正爱自己，相反，他们是在讨厌自己。因为他们正在做的都是恶行，都会有恶报。

佛祖也认同波斯匿王的想法，一个人无论生前拥有多尊贵的头衔、多庞大的家族，死的时候也带不走，能带走的只有我们今生行为所带来的结果罢了。

知自可爱者，勿自连结恶。

以行恶行人，难得于安乐。

所因于死魔，以舍生命者。

> 有何是彼物，彼行而取何。
>
> 功德恶之二，是人此世作。
>
> 此为彼身物，彼行而取此。
>
> 如添影之形，此二从随彼。
>
> 是故以行善，为善积未来。
>
> 功德于后世，乃人渡津头。

我向大家阐述的佛陀之言，都是耳熟能详的，是佛陀日常说法传道中言及的内容。佛陀告诉我们，自己现世的善行会让来世受益。所以要多行善业，多积功德。

知耻者能自守

波斯匿王曾向释迦牟尼提出自己的看法，他认为：造恶业者是将自己投入危险之中，造善业者是对自己的坚守。佛陀也认同他的看法，并进行了如下的阐释：

> 善哉自制身，善哉自制语。善哉自制意，善哉制
>
> 一切。自制知耻者，云为守护人。

要将自己的身、口、心管住，不令其造恶业，如此便能做到自守。"知耻"也应当如此。当自己遭遇不幸、处境惨淡的时候，我们会觉得羞耻，不是吗？人应该做到知耻，要明白不幸与失败是丢人的、是可悲的。

世俗的幸福与苦同在

两种对佛教的错误看法

世间难免存在对佛教的误解。

其一，是认为佛教具有浓厚的悲观主义色彩。

其二，是认为佛教不过是一种迷信思想，不过是为获得某种利益、祈求家庭安宁、希望生意兴隆的行为。这种看法在日本很常见。

前往地狱的火车上，邪见是搭乘头等座的"车票"。为了平息这种邪见，我们首先要来区分一下世间期待的"幸福"与佛教意义上的"幸福"。那么，这两者之间到底有着怎样的差异呢？

世间所期待的幸福在于功成名就

首先，我们考虑一下，什么才是世间所期待的幸福？

是家财万贯、收入稳定，还是相貌堂堂、气宇不凡，或是身强体健、长命百岁，抑或是家庭幸福、心想事成？或许还有人说，是享受人生、手握重权、拥有崇高的社会地位。

人们所说的"世间的幸福"也不过如此吧！

为了得到这些幸福，人们付出了巨大的努力。很多人通过正当途径如愿以偿，但也有许多人在通过正当手段无法成功时，不惜违法犯罪。或许他们认为只要达到目标那就是幸福，过程不必在意。

没有成功的人与没有竞争力的人，往往流连于占卜、迷信与宗教中，企求权力、财富、婚姻、家庭、事业等好处。在现实社会中失败之后，便投身于所谓的信仰，奔走于利益之中。这种现象在日本社会中很普遍，结果导致日本各地出现的新兴宗教最后都成了"利益教"。

日本的有些宗教也会额外带给你"死后入天国，永远得幸福"的承诺。人们本来只是为了祈祷而去的，结果听了不少多余的话，最后还被告诉说"你以后会健康长寿，死后能上天堂"。但是，真的有人能通过祈祷得到幸福吗？

世间的幸福会带来烦恼与痛苦

财富、权力与家庭确实能给尘世的人带去喜悦。但是，那些带给人喜悦的东西，还会附带着烦恼一同前来，不仅如此，痛苦、消沉、堕落、失败、不幸与恶业等也会随之而来。

若果真如此，大家还有什么可烦恼的呢？困扰我们的烦恼、痛苦不正是伴着期待中的幸福一起来的吗？工作和孩子能带给自己幸福吧？但是每个人还是会为了工作、为了孩子而烦恼不已。

官居总理、部长的高位，你应该觉得幸福了。但是，这个"幸福"会带着许多的"伙伴"一同前来：没时间睡个安稳觉，整天精神高度紧张、焦虑担心地过日子……这样真是够呛。

同时，为什么会有人去杀人、去抢劫？其实，这也是伴随幸福而来的"伙伴"造成的。因为恼怒妻子提出离婚，丈夫杀死了妻子；为了讨好新交的情人，妈妈杀死了自己的孩子……这样的案件并非是我无中生有的。除此以外，还有为了钱财去抢劫的人。这些可怕的幸福"伙伴"总是与幸福相伴前来。杀人、战争，世间所有的罪行，其根源都是因为人们过分执着地追求世间所谓的"幸福"。

所以有时候比起你现在执着地追求的"幸福"，那些随之而来的不幸、痛苦带来的感受可能更为强烈。

佛陀教导追求真正的幸福

释迦牟尼口中的"世间所期待的幸福"，并非仰仗迷信、祈祷与祝福等方式求来的。佛陀教诲我们，幸福基于理性，需认真努力才能得到。"为了生意兴隆，去祈祷吧！"这种话绝不可能出自释迦牟尼之口。佛陀只会教导世人"要付出汗水，每天要早起，不要贪睡，不要一味玩乐，不要赌博"之类。

佛教虽然主张由女性管理家庭财产，但若是妻子沉湎于美食与购物而无法自拔，家中的财政大权就决计不能交给她。若是刚拿到薪水便被妻子花光，岂不是只能预支下个月的薪水了吗？这样花钱，又如何积累财富，变得富有呢？因此，佛陀才会教导我们，要在充分了解对方是否有理财能力、是否珍惜钱财之后，才将家庭财产交托于她，才能使一个家庭渐渐富有起来。

佛教也认为，若是人们心中抱有愤怒、憎恶、忌妒、贪念、懒惰、无知等负面情感，即使努力了，也只会适得其反，让努力付诸流水。人们满怀着愤怒与憎恶的心情去工作是不会有任何成绩的，相反还会出现赤字，最后甚至被公司解雇。同样，父母怀着愤怒与憎恶的心情去养育子女，子女往往未长大成人便舍弃自己而去。这还能算作是幸福的吗？

所以，我们努力的时候，一定要压抑住负面情感，让愤怒、痛苦、忌妒与贪恋远离自己。

但是，即便我们理性地生活，付出努力并取得成功，死后财富、家庭与权力也还会离我们远去。因为"世事无常"，这些东西也是如此，不能常住，有得到便有失去。越是有强烈的执念，越是会落入悲伤与消沉的深渊。所以，我们一定要怀着一种"世事无常"的态度去生活。正如佛陀教诲的那样：放下祈祷，不带肮脏的情感，通过自身努力获得幸福。

所有的痛苦皆源自内心

从佛教的角度去考虑幸福是什么的话，便能明白世事无论好坏，皆源自内心的道理。释迦牟尼曾明确阐述过，所有造成失败与不幸的原因都是源于我们自己的内心。虽然我们时常会忘记这些道理，但世上成功的秘诀与失败的原因仍在于我们的"心"。在尘世中，我们用心生活、用心说话、用心工作。

佛陀在罗列过我们失败的原因后，又用"无他"二字将其概括起来，意思是毫无遗漏。同时，释迦牟尼还描述了所有成功人士的内心情况，并向知识分子们提出论战："若有遗漏，还请赐教。"的确，佛教就是一处取之不尽的宝藏，一门无与伦比的心理学。

为了幸福，需要调整自己的心

获得幸福的方法，释迦牟尼早就告诉我们了，那就是调整自己的心。通过调整自己的心，便能将众人期待的利益收入自己囊中，所以佛教中没有"不是所有的梦想都可以实现的"这种说法。但若我们只是张大嘴巴、守株待兔的话，就不要指望神灵会来眷顾自己。

基于理性，消除内心的恶念，带着一颗清明的心去努力，收获的成功将远大于自己所希望的。比如希望能赚到1000万日元的时候，若是你做到内心清明且努力，便能收获5000万，乃至1亿日元！因为越少执念，越能消除追逐利益带来的副作用。

所谓利益的副作用，便是不幸、烦恼与痛苦这些"伙伴"。尘世之中，即使生活丰裕殷实，也难免有痛苦相伴。赚了大钱却不知如何理财，甚至连自己有没有交税都弄不清楚，总有一天，会有税务局的人上门来逮捕你，因为你还拖欠着巨额的税金。或许是你还没察觉，或许是你早已忘记，但这些副作用所带来的不幸确实很严重。这就是"执念"的问题。

在这一点上，那些想成为亿万富翁，但又深谙佛教的人，是很清楚的。他们努力做到内心无执念。因为不论人们曾经创造出多美好的社会，不论曾经积聚过多丰厚的财物，这些东西如同养育的子女一般，终会离开自己。若能怀着"这不是我的"这种心态来追求尘世间的利益，人便不会十分固执，"副作用"也会逐渐减退。曾经有一个人指明了这种消除不幸的幸福之道，那就是释迦牟尼。

生死问题是幸福的关键

在领略佛教意义上的人生观之前，我们先来看一看世间的人们是如何看待生死问题的。世间的人生观多种多样，我将列出最普遍的三种与大家探讨。

①人生结束于死亡，再无后续

若是笃信这种人生观，便会有这样的想法：即使自己身犯重罪、嗜杀成性也没有关系，反正活着的时候没有充分享受该有的"幸福"便是一种损失。若是人生总有尽头，人类终有死亡，没有循环、没有后续，那不去杀人劫财获取些利益，岂不成了遗憾？这种人生观断不可让弱者与无法成功的人知道。换言之，人只要营造一个自己幸福的世界便已足够，至于他人，都与自己无关。如此一来，这种人生观必然会导致一个十分危险的结果：人人都只追求自己的利益，对他人不闻不问。这可谓危险的人生观。

②人死后皆能归去极乐

这种人生观说的是，人死后都能成佛。不论是曾经杀人放火、偷盗抢劫的人，还是那些认真做事、努力精进的人，总之大家都可以成佛。

若是人死后皆能成佛，那些做尽了坏事的家伙，一旦罪行败露，自我了结便好了。因为死后他们也就成了佛。又或者是认真工作，过着平凡生活的人也无妨，也可以死后成佛。不论是哪种人，反正死后都能成佛。

推论一下，笃信这种人生观的话，人是否应该越早死越好？为什么呢？因为人们不论是做坏事还是努力创业，都很辛苦。

认真工作、养育子女也是一种持续的辛苦。如果这样，早死早成佛倒还真成了好的选择了。

所以这种想法也很危险。结果危险，想法也危险。危险的想法，从来都不可能正确。

③人死后去"永恒的天堂"或"永恒的地狱"

这种人生观其实就是在说，人死后必会走向二者之一，或是"永恒的天堂"，或是"永恒的地狱"。

坚持这种人生观的人，若不愿按照某种教诲修行，后果会很可怕。这就意味着死后要去"永恒的地狱"，永世不能翻身，于是人们只能每天心惊胆战地过日子。若是坚持这种想法，便意味着失去了自由，后果不堪设想。

因为世界上有太多这类的言说，若不死一回，我们又怎知哪个才是正确的？不死一回就无法明白，这种教诲内容过于暧昧、晦暗不明，让人糊涂，实际上一点用处也没有。也就是说，这种人生观的教诲其实很无所谓，可有可无。

另外，会让人恐惧的教诲也是危险的。

因而，这些言说尽是歪理，这一点非常容易让人明白。这种教诲中，只是一个小小的动作便会导致永恒的结果，缺乏合理性、科学性与伦理性。我来问大家一个问题：因为不允许犯罪，那即便犯了极小的罪行，也该下到永恒的地狱去吗？但是另一方面，这种观点又解释说："若是信仰神的话，这点罪行并不算什么。"若是这样，为什么又要专门指出不得撒谎？若是神真的可以原谅全部的罪恶，那撒谎和杀人，应该也没有任何区别，不是吗？这样岂不自相矛盾？所以说，这些缺乏合理性、科学性与伦理性的说法都不正确。

佛教生死观：生命皆有轮回

下面我要谈谈佛教中的生死观。

生命皆有轮回。

万事万物皆由因缘而生。正因为有"因"与"缘"，任何现象都不会在出现相应结果之前消失。无论物质还是我们的心，皆由"因（原因）"与"缘（条件）"组成。由因缘和合而生之物，时隐时现，周而复始，循环无尽。无论物质还是内心活动，绝不会平白无故消失得不着痕迹。

比方说，人们嘴上会说"东京变了""农村变了"之类的话，但农村也不会因此而消失不见吧！这只是因为东京、农村总是在不停地变化着。而同时，人们的内心也在不停地变化。

世事无常。各种现象都是由因缘而生，消失的现象会成为新现象的"因"。所以，所谓"无常"，便是指一种连锁反应的状态。在这种状态下，旧现象不断消失，新现象不断出现。因为任何现象都是无常的，那些消失的现象便会成为新的原因，最后导致必然的结果。

假如说，这里堆着许多干柴。干柴是无常的，所以会燃烧，烧尽之后就没了干柴，但是产生了烟与火。烟与火，又造成了火灾，结果我们自己的身体也受到了伤害，吸入了许多烟尘，遭了殃，得了大病，之后又有了更多的结果。

也就是说，因缘是连锁发展的，新的因会不断产生新的果。生命也是如此，由因到果，不断地轮回。因果的交替出现是连锁反应，不会停止。这是佛教中最难理解的内容，但若是直接说出来，也就是一个简单明了的道理。

按照这个道理解释，人即便迎来死亡，也是作为另一种生命，以一种新的形态继续存在。生命凝聚着惊人的能量。即使人死后身体与内心都被肢解、分离，也一定会成为新的因，产生新的果。

懂得生死轮回，就能懂得幸福的真义

人们若是从出生到现在都过着一种很随便的生活，不幸降临到头上就无法避免了，这是谁都能预见到的。所以，要严守道德。佛教说：生命是轮回的。其实这句话还包含着另一层意思：严守道德，是为你着想，为你好的。这不是威胁，只是提醒。

是严守道德还是违法犯罪，这是每个人的自由。但是，生命的轮回依旧会存在。严守道德的人会得到相应的果报，破坏道德的人也会有相应的恶报在等待他。但是，一个人若还存有些许理性，便能明白"还是应该要严守道德"。所以，佛教是世界上真正确定伦理道德有效性，并将这种有效性传至尘世间的宗教。

无论是否有来生，有道德的社会能让每个人都感到幸福。无论是否有彼岸世界，只要当下的世界充满道德，我们便能幸福地生活，在一个没有杀人、盗窃，也没有抢劫的世界里幸福地生活。所以释迦牟尼之道，是给予人们幸福的，是幸福之道。

在佛教的世界里，人们即使获得了幸福也不会傲慢。因为有道德，所以无论何时何地都十分谦虚、谨慎。学佛之人心中都很敞亮：傲慢是恶业，这份恶业会让自己失去幸福。当人们都享受着工作带来的幸福，更加谦虚不傲慢的时候，这个世界就变得更美好了。

生死无常，幸福也无常

若能活得有道德、有理性，人们便能得到所期待的幸福，便能过上比那些愚痴的人更富裕、更平和安乐的生活。

如果我们能摒弃内心愤怒、憎恶与忌妒等情感，全身心地投入工作，便能对身边的人有所帮助，不会被旁人猜忌和怨恨，会被称赞："那人的性格真好！"性格好了，便不会有什么缺点，自然也不会受到他人的责难了。但是，请一定要时刻牢记"幸福无常"四个字，因为我们不断努力才能维持那一份幸福。严守佛教教义去生活的人，都明白"幸福无常，即使当下拥有，也可能会失去"这个道理，所以严守佛教教义的是没有"懒汉"的。他们时时刻刻都十分努力。

佛教的幸福超越现世

佛教所追求的幸福，并非只存在于现世之中，还有人们死亡之后最终能获得的完满和幸福。

虽然生命轮回不息，但生命存在于各个空间维度之中，上一世为人，下一世就不一定了。若是生在一个不守道德亦不知道德的地方，一切就都太晚了。若是来生转世成了狮子，便不得不犯下杀戒。因而，若是转世投生在一个完全没有道德的世界之中，会很麻烦吧！

因而，我们必须明白生命可以轮回，但这并不意味着我们就可以天真地说："死了也能复生啊？啊！太好了。"事实上，生命的轮回是人需要面对的最为恐怖的事情。

因此，理性的活法会帮助我们摆脱这种恐怖，为自己的人生节省很多时间。我们要善于利用这些时间，努力拭去内心的"尘垢"，做一个内心纯净的人。这一点对世人而言十分重要。

假如人们能按照佛教教义去工作生活，马上就能获得成功，同时内心充实、富裕。所谓佛教徒，是无论何时何地也不会想着要一门心思赚大钱的。他们的想法非常类似：人生无常，自己的结局不过是老去、死亡，没有必要赚取数以亿计的钱财，钱财是带不走的。于是，他们便会放弃执着于赚钱的想法，有了更多时间上的富余。若是这些富余积攒的功德也不能够拭尽内心的尘垢，那轮回将会变得多可怕啊！所以，我们的目标是追求完满、永恒的幸福，也就是"涅槃"。以上就是佛陀向我们指引的通往幸福之路。在世间获得幸福，并在死后获得"涅槃"这种超越的幸福，"活着"这个行为也算是圆满完整了。

人人都能追求无上的幸福

至此，我把之前所说的话归纳一下，大家就能明白什么是"有意义"的活法了。"有意义"的活法，它的目标是直指幸福的。它是一条完全成功，没有"副作用"的道路。而佛教意义上的活法，还要高一层，是追求世间幸福之上的幸福。

佛教所倡导的，是"从幸福到幸福""每天要把幸福提高一层"，人们若能坚持这样做，便能获得至高的幸福，这样的活法才能称得上是"有意义"的活法。

现在，"今天是快乐的一天吗？"这个问题已经很简单了吧？有理性的人是不会浪费今天的一分一秒的。

为每一个小小的成功喜悦

失败的做法①：预测今天的运程

关于通往幸福的路，之前我已大致叙述过。接下来，我将围绕这一点进行更具体的说明。为了不浪费今天这一天，为了过上幸福的人生，更为了成功，我们应该怎样活呢？

首先，我们先看一些尘世失败的活法。

第一种是经常预测今天的运程。这种现象不仅在日本，甚至在那些以佛教为国教的国家，也很常见。但事实上，这完全是一种强词夺理又消极被动的思维方式。不论你被告知今日是吉是凶，都会影响你的心情，导致失败。若被告知今天大吉，便会得意忘形，结果导致失败；若被告知今天大凶，便会意志消沉，还是导致失败。像这样预测了运程，无论结果如何，你的结局不都一样吗？

需要依靠运程预测来活着的人，说明他没有自信、缺乏勇气，判断力也不够，且不喜欢认真思考。若将预测运程当成一种玩乐，以游戏的心态看待，那倒也无妨。若你真把自己的生命完全托付在运程的预测结果之上，那便是既可悲又可怜了。

能决定自己一天吉凶的人，是明白"自己今天应该怎样过"这个问题的人，而不是占卜师。所以，其实一切都很简单，想着今天要过不幸的一天，人们即使真遇上了不幸也会觉得还能接受。同样，人们想着今天要过幸福的一天，若真的幸福了，便会非常快乐。所以说，今天一天是否成功完全取决于自己。

虽说如此，但你今天能否拥有好的结果，仅凭自身行为是不够的，还与社会和周围的环境密切相关。因而，也会出现有人采取了正确的行动，却没有获得预期美好结果的情况。

佛教徒都很清楚，仅凭自己一人之力并不会得到想要的结果，即所谓有因才有果。但那些非佛教徒的人往往会很懊恼：明明我已经很努力了，为什么结果还是这般不尽如人意？

有的时候，我们认真细致且按照科学规律来耕种田地，结果台风袭来，所有的努力都毁于一旦。所以通过这件事情，我们就可以明白：仅靠自己一人的行为和努力，并不会得到想要的结果，甚至极有可能出现结果与预期想法背道而驰的情形。

同样，即使妈妈们再努力学习，遍览世界上各种育儿读物，也不能完全保证自己的孩子将来一定会成为一个出色的人。孩子自身的努力是不可或缺的重要因素之一。

所以，无论今天的结果如何，预测都是没有必要的。那些理解因缘法则又有理性的人能完全不依靠运程预测而幸福生活。佛教是完全不赞成占卜预测的。

失败的做法②：制订无法完成的计划

制订计划的时候非常焦虑的人，也很难得到幸福。

早晨醒来的时候，人的大脑还处于比较混乱的状态。因为满脑子都是今天非做不可的事，人完全冷静不下来。

整日里焦虑地想着"今天到底有哪些事非做不可"的人，能算得上是成功之人吗？这样的人往往一大清早就开始对着家人大呼小叫，"早饭怎么还没好""我的包这样怎么上班"等等。在一个充满愤怒的早晨开始一天的工作，会怎样呢？显然，这一天的工作都不会顺利了。

另一种人，制订了自己一天的计划，却如此贪心，以至于自己无论如何努力都无法完成这个计划。这样的人也注定会失败，因为他们制订了"这些事情一天之内要完成"的计划，最终却没法完成。一天只有24个小时，在这段时间内没法完成计划，就会成为一场闹剧。因为这些人在制订计划的时候很贪心，结果又不能悉数完成，到了晚上发现自己还有很多没做的事情被留在了计划簿上，顿时感到意志消沉、垂头丧气。由此，我们也可以说，这种人的这一天也是失败的一天。

还有一种人，娇惯着自己与生俱来的惰性，把许多本该今天完成的事拖拖拉拉不完成，结果明日复明日，都拖到了明天。本该今天完成的事拖到明天做，但明天又有明天必须完成的工作。这样拖延懈怠的人往往会后悔，经常发出感叹，觉得早点完成就好了，他们人生的纸张上写满了"后悔"的字样。因此，今天制订的计划，我们一定要在今天完成，今日事，今日毕。佛陀反反复复地提醒人们"要有理性"，为的就是这一点。

即便努力完成了今天应该做的工作，一天之内也还是有太多非做不可却无法做完的事，那我们就必须考虑一下轻重缓急，适当放弃一些不那么重要的事情。若是每天都有太多非做不可的事，便请考虑一下它们的优先顺序，好好安排自己一天的工作计划。这一点还是很容易明白和做到的。

如果说，今天大约有24件事非做不可，但你并没有时间把它们全都做完。你可以把它们按照"轻重缓急"一一编号，从第一件最重要的事情开始，一件件地做，有条不紊地进行，这样的生活其实也是一种幸福。到了晚上，你可以让自己挺起胸膛，骄傲地说："今天我做完了20件事情，虽然还没有全部完成，但我已经尽力完成了自己力所能及的全部。"

失败的做法③：懊悔过去，焦虑未来

世间还有一种失败，就是被过去的失败、怨恨、愤怒与懊悔等负面情感绊住了双脚，不得前行。

例如，有人前一天在公司里面碰到了不顺心的事，便会时刻牢记，念念不忘，心里始终记着那人居然这样说我，为了过去已经发生的事情心生懊恼。更糟糕的是，这个人当天还怀着这份懊恼的情绪去公司上班。这样，他的今天也会因为心情不佳而品尝失败的苦果。昨天也失败，今天也失败，两个失败叠加在一起，他今天的心情更差了。所以，在这一点上我们要十分注意，引以为戒。被昨天的怨恨、愤怒与懊悔等负面情感绊住了双脚，我们得到的只是与日俱增的不幸而已，没有任何好处。同样，如果我们沉醉于过去的成功之中，也会导致巨大的失败。

另外，还有一种人，总是一味做着未来成功的梦。这种人也不会得到好结果。总是想着未来的事，就会让我们暂时放下自己手边的工作，但实际上放下的那些都是现在非做不可的。这样的人生也会失败。这些人会失去能力，导致今天也掉进巨大的失败旋涡中。

巨大的成功只是镜花水月，看得见捞不着。所以，大家就不要打什么"征服世界"的主意了。

成功的做法：为每个小成功而喜悦

下面，我将向大家介绍，在佛教之中成功的活法的意义。

能连续成功做好每件看似微小的事情，一步一步循序渐进，这种人的人生在尘世的社会之中便可以算是巨大的成功。所以，我们的目标不是一个大成功，而是由每个微小的成功搭建起来的成功。如果我们能够累积微小，就一定能成功。小成功的连续，便是佛教所谓的理性的活法了。

每天为一个小的成功而欢喜一下，也未尝不可。早晨做早餐的时候，做出来的鸡蛋卷形状非常漂亮，那我们就应该感到高兴，因为这也是一个成功。赶上了公交车的时候，我们为"赶上了，很成功"而高兴。就像这样，我们要做到为每个看似微不足道的小成功而高兴。生活就会很喜悦，很快乐。

所以，理性的人就会这样满怀喜悦地活着。若我们一味幻想，不活在现实中，临死就会后悔，根本谈不上"喜悦"二字。

可能有人会有这种想法："今天的菜，我火候控制得恰到好处，味道真好。怎么样，我厉害吧？"若是我们为这种事情喜悦的话，会不会遭什么果报？不会，当然不会！能做到这个程度，说明你的性格已经变得能够获得幸福了。这才是成功的秘密。

失败只是眼前的一个瞬间

就算你失败了，也只是一个瞬间而已，并不意味着你今生所有的事情都失败了。

比方说，做鸡蛋卷的时候不小心烫伤了手指，很失败，但若是鸡蛋卷做得色香味俱全，我们也该为此感到高兴吧？这样做的话，意味着失败在这个瞬间已经结束了，下个瞬间我们又会为另一个成功而努力。

我们应该做到每天晚上睡觉之前，都为今天每一个瞬间的成功感到高兴，这才是正确的活法。当然，这也取决于每个人的性格，所以若还不能做到这种程度，请先试着改变自己的性格，去为每一件小事高兴，这样，人生便能简单地获得成功。

把每天分割成一个个小片段去好好利用的人，不会产生贪欲、愤怒、无知、忌妒、憎恨等负面情感。现在世界上，人们所谓的痛苦，不都来自这些负面情感吗？这些人会痛苦，是因为他们有欲望却不知自制，有怒气却不知忍耐。所以，请大家试着把每天分割成一个个小片段，为每一个小片段的成功而喜悦。这样做了以后，大家便不会再有这些负面情感，会开始学会喜悦，开始享受快乐。

有人有这样的计划：努力去掌握一流厨师的技术，这辈子要做出许多美食供大家品尝。这在现实世界中无法轻易实现。但若他只是考虑"今天的早饭要做得好吃"的话，那倒也无妨。因为所计划的就是眼前的事，成功的可能性很大。

但是那些说着"这辈子要做许多美食"的人，绝对是被欲望、炫耀、愤怒等负面情感驱使了，他们虽然制订了必须长期坚持的计划，却是一种造恶业的人生。

如果大家都想着过好每一个瞬间，自然不会有这样的事。这次的鸡蛋卷做得好，你会想着下个也要这样、再下个还要这样，当第四个完成之后，会为自己做的四个鸡蛋卷而感到非常高兴。

平时，大家做完料理给别人吃的时候，都会顺便问一句："好不好吃？"其实这样问的人，都想得到别人肯定的回答吧？

这么一来，吃的人就会感受到压力。而且，主人盯着他的脸等着他回答，这种行为是很失礼的。

试想一下，那些埋怨"我好心做给你吃，你谢都不谢我"的人，是不是一开始就怀着憎恨、炫耀、愤怒与傲慢等负面情感做这些料理呢？你怀着一颗如此不纯净的心来做料理，做出来的料理又怎么会好吃呢？这样的料理不可能让人感受到喜悦，反而会成为害人的毒药。

所以，如果我们每天能为每一个小片段的成功而欢喜，这便足够了。这样做，既能做出更加美味的料理，又能有益于品尝者的健康。同时，更为重要的是，这是一种不造恶业的活法。

与身边人一起享受幸福

开心活着的人，不会造恶业。

虽然他们的活法看上去与世间所有人的活法并无差别，但实际上他们非常注意积德行善。

信佛的人与常人在日常生活上很相似。早晨起来，先洗漱，再吃早餐，之后赶电车，上班、下班，到家后洗澡……他们的生活也只是这样子。

但事实上，信佛之人的生活与常人还是有区别的。佛教的活法，使人不造一丝恶业。虽然他们与大家做着相同的事，但平时很注重积德行善，所以他们的内心一尘不染。

于是，受到这些人的影响，他们身边的人也会很享受与他们一起生活、一起工作的时光。跟他们在一起，人们感到轻松愉快、喜悦无比。

如果他们已经成家，他们的孩子会愿意在家里等着他们下班回家。即使妈妈哄着孩子睡觉，孩子也会希望等着他们的爸爸回家。当他们听到开门声的时候，便知道是爸爸回来了。于是，孩子们便会跑过去跟爸爸打招呼、撒娇。这样的人生不是很快乐吗？这样的人生会为这些人的内心节省下许多空间，少了一些烦恼、焦躁的情感，让自己时刻都能从容不迫。

己所乐，施于人。自己感受到快乐是非常重要的。如果自己能觉得快乐，便把这种快乐传染给身边的人，让他们与自己分享喜乐。实践这样的做法，我们今天就能过上快乐的一天。

第二章

徒劳是对生命的挥霍

树立正确的生活目标

何谓徒劳？

我们一直都在使用"徒劳"这个词，那这个词到底是什么意思呢？徒劳是指与目标相背离的行动，或者说是人们在达到目标之前所绕的弯路。如果我们每个人都重视自己的目标，那"徒劳"一词就跟"浪费"的意思差不多了。虽然我们嘴上说着要达到某个目标，但在努力达成的途中做了别的事，走了别的路，那么之前所耗费的精力就全浪费了。

但是人们的徒劳大多是不经意间发生的，自己并没有察觉到。即使我们的目标已经是尽可能地告别徒劳，也还是会做许多徒劳的事情。人们从不会想着要"徒劳一下"而故意去做些徒劳的事情，但当他们回顾自己的一生时，还是会感到自己做的徒劳之事实在太多了。明明想着要认真地好好地活一回，但在人们自己都不曾注意到的时候，已经做了许多徒劳的事情。

但是，也的确会有一种人，面对"徒劳"却明知故犯。

以上便是"徒劳"二字的定义。

错误的目标会产生徒劳

不论做什么事，若是没有一个目标的话，便称不上是"徒劳"。也就是说，是先有了目标，之后才有徒劳。

但是，我所说的目标又可以分为两大类：尘世的人所考虑的目标与佛教意义上的目标。两者之间略有出入。

尘世的人们所考虑的目标简单明了，并不需要大范围地去考察、探索。每个人在各自的生活领域中都有各自不同的目标吧？若能达成这个目标，便不是徒劳了。为达成目标而绕的弯路也只是浪费而已。

所谓简单明了的目标，就是孩子们去学校上课，大人们去公司做事，并保证家里的收支情况稳定、没有赤字，仅此而已。若是能制订一个合理化的目标，并一步步地去完成，要如愿完成也并不困难。

所以我们不能沉湎于尘世的幻想之中，每天只是做白日梦，夸夸其谈，而是要做到充满理性地去达成每一个分阶段的小目标。如果我们每天都能够坚持这样做，达成各种目标就不再是一句空话了。

要实现成功的人生，理性是非常重要的。若是人们失去了理性，一切就都成了徒劳。只想着没有用和不合理的事情，即使制订了目标也不可能成功实现。所以，不要把"征服世界"这种病态的想法作为自己的目标。所谓理性的目标，其实就是小而简单的目标，是通过我们自己的努力能够顺利达成的目标。

因为徒劳，往往达不成目标

但是，这里又有一个问题：虽然我们制订了目标，但往往不能很轻松地达成。

学生应试的目标就是为了考试能够及格，结果却没能及格；职员进入公司的目标是想为公司做出贡献，结果却没能做出贡献。这些失败，都是很令人难过的。这些都并非什么远大、宏伟的目标，只是微不足道的小目标。但是即使是小目标也会失败，到底是为什么呢？

这是因为，或许我们在主观上很认真地准备并且为了完成目标付出许多辛苦和努力，但事实上我们付出的努力是一种徒劳，绕了弯路，精力都被浪费了。

职员去了公司不眠不休地努力工作，结果因为事情做不好而被上司责骂，工作又怎么会顺利呢？连完成工作这么小的目标，人们都无法达成，但本身又付出了巨大的努力。出现这种现象的原因就在于，这些努力事实上都是徒劳，是浪费而已。

但是，我还是想问，职员真的是一直在努力工作吗？那些考前临时抱佛脚，结果考试成绩没及格的学生，是因为他们虽然怀着一颗要努力学习的心，但又把自己的精力浪费在了徒劳上。他们是否真的在认真学习？或许只是看上去好像一直在认真学习，实际上是在开小差，浪费时间而已。这种情况往往他们自己不会察觉到。抚育小孩这项工作，对于父母来说没有那么棘手，只是件很单纯的工作而已。孩子到了一岁之后，他们就能说一些简单的话，也能简单地听懂一些父母说的话，比起驯养狮子、老虎这些动物要简单一些。但即便如此，也还是有父母尝到了失败的滋味，耗费的心血也全都浪费掉了。这些心血都变成了徒劳，因为没有达到最终的目标。

如果人们所谓的"目标"不能在预计的时间内完成，那目标本身也就失去了意义。没有达到目标完成任务，无论你如何自吹自擂自己有多努力，都只是徒劳的行为而已。

为达到目标，有人倾尽全力，不眠不休，十分辛苦。但是若不能达成自己的目标，那么，那些付出的努力也就都付诸东流了。所以"徒劳"一词非常重要。因为我们的所作所为很多时候都是徒劳，导致即使是在尘世也不能取得成功。

在此，我希望大家记住这一点：所谓成功，是十分单纯而且简单的，不是什么困难的事情。因为我们并没有为自己设定什么宏大而雄伟的目标。但即使如此，一般的小目标我们都无法达成，那是因为我们不知不觉之中，一直在做没有任何意义的事情。所以，我们对于自己的目标，设定前一定要经过深思熟虑，有一个明确的考量才行。不然无法达到目标，就会有失败。

脱离现实的目标也会产生徒劳

如果有人一味考虑脱离现实的目标，那个人只可能是精神不太正常。我将这种现象归结为一个字——"病"。我们所谓的目标，必须是在理性思考基础之上的。

这个社会上，总有那么一些人，喜欢沉湎于空想的世界中，考虑着达成一些不现实、不具体甚至非常奇怪的目标。像这种人，我认为他们精神上不是很正常，所以没必要与他们进行过多的交流。沉湎于妄想，设定一些千奇百怪的"宏伟"目标，结果当然是无法达成，这样，之前自己的所有努力也都成了徒劳。

我们所谓的正常的"目标"，通常是一些具体的东西。例如：吃点好吃的、提前一个小时上班、找个安静的地方读书、多挣些钱，等等，这些才是正常的目标。虽然上述这些目标都是尘世的目标，但是都符合常理，所以不坏，当然也不是"病"。

人们要达成这样的目标，其实很简单。但是有些遗憾的是，即使是这么简单的目标，也有人会达不到，产生失败。罪魁祸首还是因为人们做了徒劳的事情。所以我认为，我们必须时刻注意自己的日常行为，经常反思自己的行为，是否有利于达成自己设定的目标。若是能做到，我想这个问题应该能迎刃而解。

在家的目标

与之前阐述的"世间人所考虑的目标"不同，"佛教所说的目标"究竟是什么样的呢？

在佛教经典之中，关于在家众的目标有以下三点：

①追求当下的幸福

②追求死后的幸福

③追求死后的解脱

　　在佛经中，"幸福""快乐""实现幸福"这些词汇经常出现，但是佛经中从来不使用"成功"一词。当佛教需要表示"成功"的意思时，往往会用"有意义"来代替，因为这里牵涉到了尘世的目标与佛教的目标之间的区别。

　　那么，现在就让我们来具体了解一下在家时的三个目标吧！

在家的目标①：追求当下的幸福

　　在家的三个目标之中，第一个便是"当下的幸福"。

　　尘世的目标与佛教的目标到底有什么不同？

　　例如，大学毕业生为了能进入大型公司工作，毕业之后经历了各种考试，层层筛选，最后终于如愿以偿进入了一家大型公司。这种情况按照尘世人们的观点，就算是已经达到自己的目标了。但是我有一个问题想问：你真的觉得达到这样的目标就幸福吗？或者，我换种方式来问，你能够达到自己的目标，就一定能获得幸福吗?

又例如,少年邂逅一位出色的女生,便想与她长相厮守,结为伴侣。这位少年经过多番努力之后,终于如愿以偿,与这位女生结婚,这样少年也算达成了自己的目标。但是,不尽如人意的是,那位女生性格很差,既好挥霍又没有上进心。那么这样的婚姻生活岂不是一团糟了吗?这样的成功能算是一种幸福吗?

佛教所考虑的幸福,并非单纯地追寻自己的目标,同时还要考虑"这样做是正确的吗""这样做能算幸福吗"等问题。这一点就是尘世的目标与佛教的目标的区别。所以说,我们一定要记住很关键的一点,那就是每个人不一定非要去达成自己的每一个所谓的人生目标。

有时人们偶尔失败一下,也不是一件坏事。曾经有一对夫妻正准备出国旅游,结果却因为其他原因误了航班,这真是太糟糕了!算是一次失败吧?但是,新闻报道说,他们本来要搭乘的航班遇上了劫机,那这次失败不是反而因祸得福了吗?

生活中的我们,总是向着自己尘世中的各种目标不断挑战,但我们应该牢记:活着最重要的不是盲目地达成各种目标,而是时刻保证让自己无论在何种境地下,都能平静而幸福地活着。读不读大学、进不进大公司都不是什么大问题,重要的是我们必须明白,自己的人生是否幸福。

在家的目标②：追求死后的幸福

在家的目标之中，第二个是"死后的幸福"。

按照尘世的观点，人死后的幸福应该与现在的自己没有任何关系，一切考虑、一切计划的制订都是以"我没死"为前提的。

但是，这样并不能解决所谓的问题。因为死亡是每个人都必须面对的现实。要说这个世界上唯一不变的法则，就只有一条，就是有生就有死，生死相伴。无视这条法则所制订的所有计划都谈不上是理性的。我们为自己的人生规划蓝图时，必须考虑自己死后的幸福问题。

在家的目标③：追求死后的解脱

在家的目标，第三个就是"追求死后的解脱"。

所谓解脱，就是把"生"的问题通通解决掉。我经常会被人问到："既然你活着，那总有些什么目标吧？"这个时候，我会回答说："没有。"世界上从没有人是有着与生俱来的、从出生就决定的所谓"活着的目标"。若是果真有如此伟大的人生目标，每个人应该生下来就已经知道了，又何必要去问别人自己活着的目标呢？人们所需要做的事情，便是出生，活着，老去，最后死亡。大家只需要遵循这些自然法则就可以了，所谓与生俱来的"活着的目标"之类的东西，其实根本就不存在。

然而正因为如此，佛教才会想着要去设立一个目标，这并非只是顺着自然法则随波逐流，而是希望人们感受到丰裕、幸福与安康，同时不断前进。这就是佛教所说的，在家的三个目标。

出家的目标：追求解脱

以上三个佛教的目标，为什么要被限定于"在家"之中呢？

那是因为，对于那些出家人来说，"当下的幸福"与"死后的幸福"并不重要，他们要追求的只有"解脱"而已。

佛陀所说的目标极为宏大，与尘世所说的完全不同，是无限宏大的人生目标。

但人们只是按自然法则，如此放任自流地活着，当然无法实现解脱的目标。人类的一生不可能只是指望着解脱。所以，"解脱"只是佛陀给自己制订的一个目标，随后佛陀便面朝目标，付出努力。在佛教经典之中，具体详尽地记叙了关于达到"解脱"的方法，但是这些方法大多只与出家有关。

那么，关于在家的幸福，佛经之中又是如何记叙的呢？事实上，佛经之中也确实记载了关于这一点的内容。以下几条应该是与各位的生活息息相关的吧！

日升又寝床，狎近人妻女，从事于斗争，耽著无益事，又结交恶友，从事于悭贪。

若是做了这些被禁止的事，人就会堕落。幸福的生活、安宁的内心以及尘世的富足生活都将离你远去。

幸福也是佛教的追求

请大家试着理解上面所阐述的"尘世的目标"与"佛教的目标"之间的区别。因为两者的区别极其细微，所以请大家留心确认，稍不留意，就会出现误读。比如，尘世的人们会认为佛教否定挣大钱这种行为。但事实并不是这样，因为从佛教的眼光来看，人的富贵贫贱没有本质上的区别。

此外，人们还有这样的观点：东南亚各国目前的贫穷状态都是佛教造成的。但是，容我问一句：佛教为什么要指使人贫穷呢？我的理解是，贫穷是因为世界上的少数人霸占了地球上大部分的资源，同时又不停地浪费而造成的。

　　佛教徒们才不会贪图那些不属于自己的东西呢！所以他们当然也不会巧取豪夺他人的钱财。佛教徒即使被那些缺乏道德良知，被无知与欲望冲昏了头脑的人夺走了自己的钱财，也不会有"他不仁我就不义"这样的念头，并不顾道德付诸行动。

　　"做一个有钱人"是尘世上大部分人都会考虑的目标，但佛教徒会从另一个角度出发去思考："做个有钱人固然好，但是实现了以后，我就真的觉得幸福了吗？"从这一点来看，佛教的目标与尘世的目标之间还是有着非常微妙的区别的。从佛教的角度出发考虑问题，就应当是"做有钱人"重要的是"又有钱，又幸福"；"做学者"重要的是"又有知识，又幸福"。

　　尘世所说的目标，尽是些"学业有成""生意兴隆""出行安全"之类的东西，当然也有佛教团体通过贩卖护身符做生意赚钱，这就与佛教的本来面目背道而驰了。佛教认为，"幸福"是贯穿人们一生的必要目标。也就是说，"这样的目标能让我幸福吗"是最为重要的一点，佛教并不强调众人都将目光集中于被大众关注的"学业有成"之类的目标上，无论知识、技术、艺术，只要凭个人的喜好让众人自由选择就可以了。

佛教所担心的问题是：人是否幸福。学者也好，农民也好，只要他们幸福就好了。只有商人生活富裕，其他人生活贫困窘迫之外还会遭遇不幸，难道不奇怪吗？

从事喜欢的行业，追求自己的幸福

释迦牟尼曾明确指出：各人自择各业。想做公务员的人就去做公务员，想做自由职业者的人就去做自由职业者，想种土豆的人就去种土豆。在佛陀的眼中，三百六十行，行行皆平等。

但是有一点提醒大家一定要注意，佛陀虽然认为行行皆平等，但这并不是说欺骗他人钱财、威胁他人生命的职业也是可以被容忍的。有些职业，在佛教中是被禁止的，例如制造武器或者占卜之类的职业。人们若只是将占卜作为业余爱好或是娱乐活动是不要紧的，但若是真把占卜当成一种职业的话就有些不妥了。除此之外的任何职业，佛教几乎全认同可以从事。

在这里容我问大家一个有些偏离本章主要内容的问题："你的收入是遵循正道得到的吗？"

换句话说，就是遵循正道得到的收入光彩，因为那确实是自己应该获得的东西。如果确实是这样，那就没有任何问题了，你就去从事你喜欢的工作，然后努力去追求自己的幸福吧！

为达目的不择手段是不对的

经过具体实践之后，我们就会明白：尘世与佛教的目标之间有很大的差别。如果人们只是为自己设定了尘世的目标，便会盲目行事，甚至为达目的不择手段。

比如，为了让自己生意兴隆，商人便会不顾及家人，四处借钱，最终很可能因为做假账而落得个身陷囹圄的下场。

也有一些报道说，某些运动员为了取得更好的比赛成绩而违规服用禁药。那些被逮捕的大公司总裁，一定都是只怀着达到目标就好的想法而违法的。虽说他们亲手建立自己公司的目标达到了，但结果又被开除出亲手建立的公司，名誉扫地，当然幸福也等于同时失去了。

尘世的人们若是将"生意兴隆"设定为自己的目标，很有可能到处树敌，甚至犯罪。

但是，若是换作佛教的目标，这种可能性近乎为零了。佛教虽然认可"生意兴隆""收入丰厚"这些目标，但禁止信徒从事会树敌或者犯罪的买卖，因为这样做违背了正道。没有必要为了自己生意的兴隆而将家人置于危险之中。

佛教意义上的生意兴隆，绝不会盲目到做什么涉及犯罪的行为。也许之前把年收入的目标设定为五亿日元，但一年之后可能只收入一亿日元，尽管这样，这个人还是很幸福的。与其收入五亿，却因为被逮捕而一无所有，不如通过合法途径获得一亿收入，然后一如既往地生活来得幸福。佛教与尘世的做法就是这样不同。

今生、来世都应感到幸福

现在，让我们考虑一下来世的问题吧！所谓"来世"也就是自己死后的事。可能一提到"死后"二字，大家脑中就会浮现出宗教世界的景象，大概没多少人会在办公室里讨论什么"死后的世界"这一类问题吧！在我们当下所处的这个尘世社会中，"死后"这个问题会被认为是属于宗教的范畴。

除了佛教以外，其他的宗教也会谈论死后幸福的问题，但是不同宗教之间会有些区别。

一般人可能会认为，自己每天上学上班的日常生活与死后的世界是完全不同、完全无关的两件事，甚至还会对于死后的世界怀有"信则有，不信则无"的看法。但是，佛陀口中的"死后幸福"与日常生活是密不可分的。佛教中所谓的"死后幸福"，不是从每周去教堂做礼拜或去寺庙烧香中获得的，也不是从经常做慈善、做公益中获得的。

佛教中有三个目标——"现世的幸福""死后的幸福"与"死后超脱"，这三者并非毫无关联，而是三位一体的。佛教认为，生育子女、保护家庭、上班工作、社会交际以及构建人际关系等日常生活与"死后幸福""解脱"紧密联系。

佛教提出的这三个目标其实在日常生活中都存在着，并非只有宗教才特别提出来。而"佛教是宗教"这一概念只是现代社会的理念，佛教并没有把自身特别地归入宗教范畴中。平凡生活中的"现世""死后"和"解脱"三个阶段若用行车来比喻的话，先是普通的道路，随后开上了首都高速公路，最后又上了东名高速公路，三条道路之间是相互联系的。

遵循佛陀的正道便能获得来世的幸福

遵循正道而获得现世幸福的人，自然而然也能获得来世的幸福。这里的"正道"这个词表示"释迦牟尼所教的方法""正确的方法"，而非法律、法规的意思。

所以，人们从孩提时代开始遵循释迦牟尼的教诲去做便是按正道行事。若能按释迦牟尼的教诲去生活，便能消除徒劳。如果是学生，按照释迦牟尼的教诲去做，上学也能真正学到知识，应试学习也会取得好的成绩。

有的学生会问："学习的时候应该怎样才好？"释迦牟尼对于这个问题只回答了三个字："认真听。"

因为现在的学生大多不认真听讲。以前的学生，只要认真听讲，便能学到很多知识；现在的学生，不得不通过阅读来辅助学习。即便如此，还有许多学生戴着耳机，边听音乐边看书，连书都不愿意认真专心地阅读。

接下去，释迦牟尼又针对学生考试说了四个字："认真复习。"随后，佛陀还教诲说："要对教给自己知识的人怀有敬意。"这样子去做，学生懂得尊敬老师，老师也会关心、爱护学生。而学生也就不用感受很大的压力，可以专心学习。因为喜欢老师，所以学生去学校见老师、学习知识就没有任何痛苦，这才是所谓的"正道"。

由于无法完整地表述正道，释迦牟尼就像这样，将正道一个个具体地表述出来。

像这样，遵循正道就能在学习上取得成绩，在工作上获得成就，毫无痛苦地死去。这样做，不论是谁都能拥有佛陀的智慧，也会有"试着去解脱"这样的想法。这样，便实现了三个目标的三位一体。

徒劳已成为世间的常态

停不下来的徒劳

至今为止，我所说的都是有关目标的内容。总之，让我们一起来为自己设立目标吧！若是目标设定好了，就必须努力去达成。

但在佛教中，考虑自己目标的同时考虑自己是否幸福也是非常重要的。所以，反过来说，就是我们应当为自己设立一个能让自己幸福的目标。

只是怀着"我要和那人结婚"这个目标是不够的，考虑"我若与那人结婚了，会幸福吗"这个问题也是非常重要的。这两者之间微妙的差别，会对结果产生巨大的影响。

但是，我们往往无法达成设定的目标，也就是说，我们经常会失败。看来，无论如何，人所做的都会产生徒劳，徒劳无止境。究竟徒劳是怎样产生的呢？接下来，我们来思考一下这个原因。

"享受"徒劳的6个例子

下面我要举几个因为喜欢而去徒劳的例子。

①因为强烈的无知，对于眼下的状况以及将来的事，甚至给周围的人带来的麻烦都无法感知到。

这种人很常见吧？他们既不学习也不工作，什么都不做地过着每一天。最近有一个新词专门称呼这类人——"NEET"[①]。"NEET"已经成了一个巨大的社会问题，究其根源，便是人类的无知。

有不少人，嘴上说着"不进公司工作的话，自己一辈子就浪费了"，实际上却什么事也不做，就这么以自我为中心地活着。不论自己变得多么不幸，给父母带来多大的负担，他们也毫不在意，仍然我行我素。

---

① NEET: Not in Education, Employment or Training 的首字母组成，意为：不读书，不工作，也不接受培训的人。

将近而立之年却还要做"啃老族"，这会让把自己辛辛苦苦拉扯大的父母多担心啊！但连这个问题都弄不明白，我们又怎么能说现代人一定头脑聪明呢？国际化、信息化的都市之中却还有人过着石器时代的生活，住在装有电脑和游戏机的"洞穴"里面，这种行为明显就是徒劳。但是，这一类人却很喜欢享受这种徒劳。

②精神不够坚强，不能做出正确的行为。

患有人群恐惧症或者抑郁症等心理疾病、精神不够稳定的人所做的一切也不过是徒劳。精神不够稳定的人往往会逃避各种事，时而平静时而狂躁，有时甚至无法控制自己去殴打他人。

因而，他身边的人如他的母亲，便会以"我的孩子神经有问题，不能让他出去"之类的理由把他关在家里，不让他出门。

一个人无论内心有多不安，也不可能因为神经有问题而出去打人甚至杀人。佛教中将这种情况都归结为心出了问题，而这是一种妄想，是可以通过冥想等佛教方法来控制、治疗的。

曾经有个友人打电话与我谈心。他说："我现在精神状态很不稳定，对父亲都怀有不满，但我已经无法克制自己了，说不定有天会把我父亲给杀了。"

听了这番话，我立刻回绝他说："你以后不要再联系我了！你若是对自己的父亲都怀有这种想法，别说是人，你简直都不是东西！别再给我打电话！"说完我便"啪"地挂了电话。我甚至不把他当个病人对待。过了一段时间没有发生什么，又过了不久，他又开始主动给我打电话了。

我们怎么能把有精神问题的人说的话当真呢？那样的人只是在为自己逃离现实社会找借口而已。他们虽然极度缺乏自信，但是我们也不能赋予他们犯罪的权利啊！他们自己都知道这样是不对的，所以还想把自己归于"有病"的类别里。

但是，最好还是不要让他们去逃避、去躲藏，避世从来都不是解决问题的有效方法。特殊待遇就是区别对待。虽说可能会有人有精神上的问题，有人有身体上的问题，但他们终究都是人，是我们的同类。因为社会上有区别对待的想法，才会对他们采取特殊待遇。但是特殊待遇的结果非但不能解决问题，反而可能使问题恶化。

③以自我为中心的人，只考虑自己一时的快乐。

只考虑自己的事情，这种以自我为中心的人都是"盲人"。因为他们看不见周遭的事物，眼里只有自己。即使视力不好的人，也能考虑各种问题，去研究世间万物，因为他们都是"看得见"的明眼人。但是，无论一个人视力多好，以自我为中心，终究只能归类为"盲人"。

这种人所做的事都只是为了贪图自己一时的快乐，不考虑以后也不考虑别人，所做的一切也只是徒劳。

④以自我为中心，只想着做表面文章。

这是"虚荣"的问题。人们若是只考虑虚荣，搞"面子工程"，所做的一切必然都是徒劳。

⑤以自我为中心，只想着去攻击、去竞争。

这是"愤怒"的问题。无论何时想的都不是"大家一起好好干"，而是只想着"我要比那家伙做得快"。当然，这也只是徒劳。

⑥依赖于自己的环境。

这个是欲望依赖症的问题。这种人无论做什么都提不起干劲，也走不出自己所处的环境，他们不去没有熟人的新环境，总是一副需要点依赖才能活下去的状态。这样的人，他们也确实没有什么有效的手段去设立目标，获得成功。他们所做的一切也都只是徒劳。

但是对于有以上行为的人来说，他们在现实生活中都是乐在其中而不自知的。因为这种享受徒劳的人本身的想法就非常奇怪，不可理喻，所以与一般人实际上没有很大的关系，所以大家都不太会在意。

徒劳有时是不由自主的

尘世的普通人应该在意愿上都不想做徒劳的事，所以，就有了不由自主的徒劳，有一些甚至做了都没有发觉。这里，我就举日产汽车公司的例子来说明情况。

日产汽车公司在长期的徒劳之后终于到了倒闭的当口，这时，公司雇用了卡洛斯·戈恩。曾经一度被嘲笑为"没有明天"的日产公司自从戈恩来了之后，局面发生了巨大的转变。

事实上，戈恩在公司里并没有做什么特别的事，他只是让员工不再徒劳做无用功而已。但这也并非意味着，当时日产公司的全体员工所做的全都是徒劳。这些员工拥有一流的工作能力、极强的竞争意识与渴望成功的强烈信念。但是，他们经常做与自己意愿相反的行为，这些都是徒劳的。

以前，日产公司仅仅改变一次车子型号，就可能要花上一两年甚至三年的时间。一个方案从提出到实施，要从员工到中层领导，再到高层领导。随后，关于这个方案是否采纳又要召开多次会议，花费许多金钱。当方案最终被否决时，相关的负责人心情会非常低落。这样，改变车子型号不是没有任何意义了吗？所谓设计，是由艺术家精心思考后创作的东西。但是日产公司仅仅对这个设计有一点点的不满意就提出来，然后否决掉。这样做难道可行吗？

戈恩到公司上任之后，立刻拜托相关设计负责人制作方案，并直接审核通过。这样，就减少了非常多的徒劳。

日常生活中很多时候，我们其实不想徒劳，白白浪费精力和时间，但事实上却在做着徒劳的事。日产公司的员工也一样，并非一开始他们就想做徒劳的事，只是不自觉地所做的一切就成了徒劳，这就是不由自主的徒劳，要努力避免这种情况。

正确的目标能避免徒劳

尘世中，"不由自主的徒劳"有各种各样的原因。

其一，是对于认识的目标与认识目标的视角不明确，造成误解，导致做了很多徒劳的事情。因此，首先我们必须有一个坚定明确的目标。

戈恩曾用"销售量"作为明确的目标。"如果一切都顺利的话，就不会不景气""早晨起来看新闻，股票上涨了，经济好转了，生活变好了"之类的暧昧语句并不好，好像张着嘴的白鹭等着鱼从天而降。即使张着嘴等待，鱼也不会从天而降，只有自己踩着泥地去水里捕捉。所以，重要的是要确定自己的视角，明确自己的目标，这样便能消除徒劳。

其二，是缺乏对人力资源与物质资源（资源、资产、资金等）的合理配置。对于日本，我在这一点上也深有感触。我的祖国斯里兰卡因为资源贫乏，完全谈不上资源配置的问题。但日本从不缺乏物资与人才，只是没有得到良好的配置。

所以，首先要明确一个认识目标的视角；其次要考虑在这个视角下，为了达到目标，我们配置的资源与能力是否完备。

没有能力，即使开始实施目标也不会有一个确定的结果。某人某天突然冒出一个"总之，我要开一间饭店"的念头，然后借钱建了个小店，开张营业，这种行为是错误的。在实施计划之前，我们必须计算好自己的人力与物质资源，了解自己到底能做到什么程度，然后才能选择用何种方式经营会比较好。只有这样，我们才会有更多的合理有益的想法。

不认真考虑这些问题，简单来说，就是缺乏理性，人生会变得越来越徒劳。这就是不由自主的徒劳，本意并不想徒劳，结果所做的事都是徒劳。

不被情感左右也能避免徒劳

我常常说理性很重要，但实际上，人的主导权常常是把握在情感的手上的。一些人的人生因为情感而改变的例子，不胜枚举。这个世间只有一小部分人是理性地活着。这种人充满理性，在生活中发挥他天才般的能力。这样的人不会输给任何人，也从不停下他们前进的脚步。

但是，余下的大多数人都是被情感指使着的，他们成了情感的奴隶。我们虽然需要重视喜、怒、哀、乐等情感，但情感不仅会妨碍好结果的诞生，而且会成为徒劳的原因。

被情感奴役的十种状态

那么，被情感奴役的人又有怎样的特征呢？下面，请允许我举出十个例子来向大家说明这个问题。

①以自我为中心，并非为实现目标而行动，一味主张自己的看法。

也就是说，这类人首先考虑的是自我表现。他们只想着"怎样做才能让人家对我留下深刻印象""周围的人会不会觉得我好"等问题，而不是将注意力集中在如何达成目标上。接下去，这样的人就会拼命地详细阐述自己的情感，并让周围的人都理解自己，而把重要的事安排在此之后，即这些人只有兴趣宣传自己，根本就没兴趣做事。

②在意他人，因别人的行为而消沉，或攻击对方，或与之竞争。

被"愤怒"的情感所奴役的人，无论何时何地都会很在意身边人的一举一动，不论与自己是否有关。这种人把每个人都当成敌人，内心充满愤怒、傲慢，实际上就是一种自我破坏。

这样的行为其实就是资源浪费。与其花时间在意他人，不如把这些时间花在自己的工作上。在意他人的行为全是徒劳。

③模仿跟风，跟着大众走重复的路。

大家是不是会想起一些因模仿周围人行为而做的事情呢？比方说，某处的庙会上，有一个卖炒面的小摊贩。若是这个摊位一天能挣三万日元，那第二天就会有十个卖炒面的小摊贩，都做着一样的炒面。结果，小摊贩们互相竞争，大家都挣不了钱。

大公司也是一样。一个品牌的液晶电视卖得好，其他品牌的电视制造商就会跟风推出相似的液晶电视。一家公司的DVD

卖得好，别的制造商就大量生产DVD，即使最后这些产品都成了垃圾也在所不惜。就这样，同一种模式的竞争总是在各行各业延续。

大家都在做，于是我去模仿着做同样的东西。这样的做法有什么意义？简直是头脑不清楚。甚至有些商业类公司还会把这种事趾高气扬地刊登在杂志上："本公司历来以销售计算机为中心，但最近数码相机人气高涨，本公司决定也开始出售数码相机。"当我看到这些内容的时候，不但不会钦佩这些公司，反而觉得他们的做法简直太无知！而且大家每天在上下班的电车里都能看到这种内容的商业杂志，实在太奇怪了。

简单来说，这些尘世的人并没有很好地运用自己的智慧，而只是一味跟风模仿他人。其实跟风做事就是懒的一种表现。

实际上，这样跟风的做法，大家都没有挣到大钱。因而，在这个社会上，成功之后又获得幸福的人只是很小的一部分，并非大多数。成功并非属于大众。

所以，跟风做事的人不会成功。这样做只是因为这些人无知。因为自己缺乏自信，所以只能模仿别人。

④思维混乱，精神上不能冷静。

这也是无知的一种。对于不能冷静的人，最好不要把工作托付给他们。这样一切工作也都会变成徒劳。若按我的做法，不能冷静下来工作的人来接受工作的话，我会明确地说："不用了，抱歉！"然后自己去完成。为什么我能够如此平静地说出那样的话呢？因为那句话里面包含的信息是告诉那些人努力学习吧。我们要明确地认识到：若是不能冷静的话，即使自身有能力，工作还是不能顺利进行，一切都是徒劳（虽然有时候这种做法会显得有些不是很体贴）。

我不希望大家直到死都活在无知之中，我希望每个人都能够在遭遇困难的同时得到成长。

若是不能冷静的话，从事特别像有关计算机控制类的工作，就会很危险，有时候会不去按必须按的按钮，而那些不能按的按钮又可能去按。所以，一定要时刻保持冷静。

⑤非常紧张，或者把简单的小目标无限放大。

人在做事的时候不能紧张。紧张的话，所做的一切也都会成为徒劳。还有，本来不是什么了不起的工作，但如果连自己都畏难却步的话，那也很可能做一些徒劳的事。比方说，老板告诉店里打工的新人"这样东西卖十个出去"，但是新人不知道该怎么跟客人交流沟通，觉得非常不安，满脑子都是"十个，卖不卖得出去"之类的担心。然后新人就会觉得，"卖十个东西"这件事真是非常困难。这样，他所做的一切都会失败。

我认为，他应该想着"别说十个，二十个我都能卖出去"。我们一定要学会将自己的目标大化小，让自己的目标看上去容易达成。如果心里总是想着"怎么可能卖得出十个啊，不可能啊"之类的事，接下去所做的一切就都是徒劳了。

⑥喜欢被褒奖，想着让别人认可自己的努力。

若是我们把得到别人的褒奖作为最终目标的话，便要做徒劳的事情了。其他人十分钟就能完成的工作，自己前前后后拖了三个小时还没有完成。周围的人跟自己搭话，也完全没有时间应答；工作期间既不喝茶也不休息，每分每秒都在全力地做着，只是因为想被别人认可自己的努力。但事实上，工作完全没有进展，所做的事也都只是徒劳。

⑦抱怨连天，一开始就没有干劲，带着批判的眼光看待一切。

我们身边一定有这样一种人，没事就喜欢说："这样做有什么意义？"他们光会这样说，但是他们自己也不明白为什么要抱怨。

他们不明白，是因为他们对眼下实际要做的事情都怀有一种批判的感情，觉得做什么都是没有意义的，包括很多有意义的事情，也是如此。不管是现在非做不可的工作，还是别的什么应该要做的事情，无论何时何地都处于一种置身事外的状态，心中充满了抱怨。

简而言之，就是这些人对于所有的工作都没有进取心，所以他们所做的一切都是徒劳。这也是一种不由自主的徒劳。

⑧快乐为重，自己的快乐与愉悦都当成工作的中心。

不把工作放在主体位置上，受情感的支配，带着过分快乐的情感去工作。有些父母教孩子的时候可能会采取这种模式：为了教他一点点的东西，先陪他玩一个小时。但是这样做其实非常浪费时间，也并非是世界通用的教育孩子的方法。很多父母即使有了孩子，也会控制他们玩耍的时间，让他们尽早开始学习，这样的做法在一些国家比较常见。

我也曾尝试去反驳"以玩乐为中心教育孩子"这种思想，我会跟孩子们说："记住，2｜2=4，记住了才能玩！"但有时，我也会让孩子决定是一口气学两个小时，还是劳逸结合，学五分钟休息五分钟。这样做的话，就能使孩子尽早学习，并把玩乐作为对他的奖赏。

但若是学习中玩乐变成了中心，便会浪费许多的时间。因为信息进入孩子脑中的速度变得很慢，脑部开发也会变得迟缓。工作的时候，职员若是把快乐放在工作的中心位置，工作也会完成得非常慢。被快乐或愉悦的情感所左右，只能一味地体验到快乐，学习与工作都会成为徒劳。

⑨因为懒惰，选择简单高效的方法。

经常有人装着很聪明的样子问："是否有更简单更高效的方

法呢？”这种人实际上只是单纯的懒惰而已。

之后，就有人按照懒惰的人发现的又简单又便利的方法去做了，结果很可能是不得不重做好几次，反而增添更多麻烦。只为早点看到结果而偷工减料，这样会导致失败与返工，最后造成时间与财产的损失，一切都成了徒劳。

所以，大家最好不要只为了偷懒而寻找所谓又简单又高效的做法，这样只会让工作越变越复杂。

现代社会，大家都讨厌走路，离不开地铁了吧！但是，换乘的时候要多走很多路，一些站点甚至要走两百米左右，这样就真的方便出行了吗？结果不还是要走！若人们只是想马上就能想出简单的办法，便有可能落得这样一个下场。

因为懒惰与无知而产生的"有效率的方法"只会让一切都变成徒劳。

⑩性子急躁，总想着快点结束。

急性子也会让人生变成一场徒劳。只想着要快点把工作结束，本身就是一种徒劳。尘世的人们都怀有一个简单的目标，急性子的人往往无法交出满意的答卷。

情感导致烦恼

虽然对于情感，我给的评价非常负面。但被情感奴役这一点，不是所有人都可以很轻松地改正的，因为情感"甜如蜜"。

情感给予愤怒、欲望与爱等刺激，然后在人们的心中激起一种名为"快乐"的幻觉，让人们很难逃避。

但是"情感等于烦恼"，情感其实也是一种徒劳。虽然有时候徒劳也能感到很快乐，在佛陀的眼中，这其实是一宗罪过。这一点请大家一定要牢记。

经常会有人问："重视喜、怒、哀、乐有什么不好的？"但实际上，情感即烦恼。因愤怒、憎恨、忌妒等引起情感冲动，最后导致徒劳。这种徒劳便是罪过，不是什么好东西。

例如，本来用一升汽油便能跑完的路，结果足足用了三升汽油，这样做便是徒劳，在佛陀的眼里，这便是罪过。环保即使不从生态角度出发来考虑，只要人们省下许多徒劳，便能把环境污染问题解决大半。徒劳不是一种好的行为，只会污染人的内心，让人造恶业。

一张纸，虽说便宜，但我们也不能把它浪费在无用的事情上。如果我们能做到将每一张纸都好好利用，不浪费，那么我们的头脑便会变得很好。

所以，被情感所左右的活法，徒劳但可能很快乐，但我们必须记住，它同时也是被恶业所玷污的活法。

仪式过多，也是一种徒劳

不仅是尘世中的普通人，即使是宗教中也有许多徒劳的事。

宗教，表面上追求的是"来世的幸福"与"死后的天堂"，但实际上，宗教的世界也是被情感所支配的。有时"信仰"被放在了教主的宝座上，而理性却无处容身。

佛教的世界，正被仪式、礼节、祭祀、行礼与礼拜等徒劳的行为破坏着。行礼的要求、上香的次数、手持念珠的方法等都有严格的规定，似乎要隐藏些什么，实际上一切都是徒劳。

数天前，我有机会去拜会禅宗的修行僧。大家合掌的姿势都很漂亮，但我对于合掌的姿势提出了自己的意见："若是合掌的话，只要这样不就行了吗？"结果大家都露出了鄙夷的表情，义正词严地告诉我说："合掌的时候就是这个姿势，手就得这么放。"虽然我觉得他们合掌的礼节没有什么不好，只是仅注重形式反而会荒废一些非做不可的重要事情。

　　在世界上传播如此广泛的基督教，比起他们的教义，一些信徒更重视那些宗教祭典与仪式。最近，佛教也开始注重仪式了，在我看来，也就是徒劳开始多了起来，甚至连修行也成了一种仪式，信众们嘴上说着"在本寺修行"，实际上也只是一种仪式。只注重形式而不注重内在修为的修行也是徒劳。

比起仪式，践行更重要

　　释迦牟尼已经注意到宗教的徒劳，并悉知宗教的徒劳。

　　当年，释迦牟尼涅槃，准备坐化于娑罗双树之下时，不论人、神都前来行礼，供奉祭品。因为是佛陀归西，所以当时供奉的物品十分奢华。

　　　　如此对如来并非适宜之尊敬供养。
　　　　若比丘、比丘尼、优婆塞、优婆夷，凡大小之
　　　行，皆以法随法而住，持身正直，随戒、法而行。

"奉上鲜花与线香，演奏太鼓，举办奢华的祭典，这不是对我的尊敬！"释迦牟尼是这么说的。我们要遵循释迦牟尼的教诲，这个行为本身就是对于佛陀的尊敬了。释迦牟尼曾说："与其举行典礼，不如去实践。"也就是说，根本没有必要去搞一些豪华的祭典。

　　宗教的祭典是为了大众的娱乐而举行的，若从"培养优秀的精神"这一点来看，这只是徒劳。祭典虽愉快，却并不能扫除内心的尘垢。

　　虽说事实的确如此，但是在现实中，比起冥想，佛教徒也是更喜欢祭典的。所以宗教中也有徒劳。

摆脱徒劳的生活

今天的事情今天完成

日常生活中，我们常常会把"还有明天"挂在嘴边，把本该今天做完的事一拖再拖，拖到明天。但是，这个明天是不是真的存在呢？

"还有明天"并不是佛教的行事标准。若按这种说法，我们犯下的徒劳与失败也不必很在意。今天做了一些徒劳之事也无妨，反正还有明天。

但是，人的生活方式是不会轻易改变的，今天碌碌无为的人明天还是会照样碌碌无为。就算嘴上说着"还有明天"，明天也只不过是接着做无用功罢了。

今天已经失败的人可能明天不会在同一个地方摔倒两次，但很有可能在别的地方又摔倒了。今天失败，明天也失败，虽然结果都一样，但若是没有了明天呢？一个人的人生失败与否就在今天被彻底确定了。所以要明白，"我还有明天"只是失败时人们自我安慰的"咒语"而已。

"得过且过"很危险

"眼下好，便好"，这种思想也很危险。"明天怎样无所谓，今天开心就好"，这种想法是与佛陀的教诲相违背的。

为什么"还有明天"与"眼下好，便好"这两种思想都不符合佛陀的教诲呢？因为他们都无视因果法则，是无知的表现。

今天的行为会影响明天的结果。今天玩得很疯，明天可能就会吃苦头。所以，我们做事情一定要做到"今日事，今日毕"。因为明天就是今天的结果，今天延期的话，明天一定会吃苦头。所以佛教提倡"今天要努力过充实"。但也不能有"因为没有明天，所以金天怎样都行"这种念头。

不记昨日，不想明日，只过今日

也有一句话特别能表达佛教的活法，那就是"每天都是好日子"。不记着昨天的烦恼，也不想着明天的未知，只是踏踏实实地把今天过得充实，这就是佛教的活法。要明白，我的今天不能重来，所以要拒绝徒劳，有效率地活。

"每天都是好日子"的活法，能让人活得淡然而高效，既不空想明天，也不被昨天绊住双脚。但我这样说，并非是明天不存在的意思，今天的行为与明天还是有着直接联系的。

善养自己的心

佛陀还特别指明了一些具体的徒劳，包括：尘世的财产、健康、寿命、知识、权力等。这些东西随着人死亡会马上消失，若我们的人生目标仅限于此的话，那在佛陀的眼中，这场人生又与徒劳何异？

尘世的人为了得到权力、财富、知识、健康、长寿非常努力，很辛苦，但这些其实都是徒劳。要说我的理由，那就是这些东西会随着死亡而消失，没有一样是可以长久留住的。

世间没有任何东西可以一直累积，直到死后再用。所以我们从小到大，从年轻到老迈都必须要做到善养自己的心。我们生活的目标并非长寿，而是要善养自己的心。

为了摆脱徒劳地活着

那么，世间的人怎样做才能消除徒劳的状态呢？

我想，我们在获取财富的时候，重要的是要遵循正道，这样便不会有任何危险了。利用得到的财富享受灯红酒绿时，大家也要记得积德，为他人多考虑一些。重要的是，在挣了大钱之后，自己当然可以适当奢侈一下，但同时也不能忘记别人。

随后便要做到灭去自己内心的执念。"自己辛辛苦苦挣来的钱，怎么可以用在别人身上？"这种执念一定要摒弃，这样对摆脱徒劳很有帮助。如果能做到把钱用在别人身上，那样子来实现的生意兴隆便没有徒劳，是货真价实的生意兴隆。

还有一点，我们日常生活中经常谈及的所谓"知识"其实并不是什么高贵的东西，只是为了满足"获得收入的欲望"与"获得知识的欲望"而生的东西。我们不能仅满足于获取知识，而要做到活学活用，最后能理性地学习并运用知识。

有这么一种说法：人们挣了大钱的时候，一定要做到用的每一分钱都是为了让内心更加澄明。同样，学习的人只是抱着为了让自己脑子变好的目的是不够的，即使成功取得学位，死后也什么都没有留下。

所以，重要的是，要做到活用自己掌握的知识，并且理性地去学习新的知识，因为知识只是用于发现"诸事无常"，即佛教所谓的因果法则。活用知识，便能很好地理解释迦牟尼所说的因果与无常的含义。既然如此，我们就应该知道，人不仅仅要学习科学知识，更要从中发现无常的含义。这样的做法也能消除徒劳。

在佛陀的眼里，有意义的工作非常多，例如活用知识，把理性的光辉挥洒在那些被迷信与信仰牵绊的人身上；为了众生的利益去活用知识。诸如此类，有意义的工作其实很多。

若人仅仅只是为了追求知识而拼尽全力的话，内心就会变得傲慢无比，充满尘垢，死后还会下地狱。这样子做，很危险！所以如同有人存钱去天堂一样，大家也要会搭建一架通往佛教极乐世界的梯子。知识分子，也能运用知识分子的身份，搭建一架通往天堂的梯子，因为他们也对尘世的人们做出了自己的贡献。

若大家都能按照我说的话，像这样调整自己的活法，便能消除徒劳，获得"现世的幸福""来世的幸福"与"解脱"这三种幸福。过程并不是很复杂，只要对自己日常生活做出一些小的调整，便能消除徒劳。

助你摆脱徒劳的十三个问题

现在，我来列举一些消除徒劳时必须注意的问题。若你的答案都是"不是""没有"的话，那你的人生就真的是一场空、一场徒劳了。我希望每个人都能对下面的问题给出一个肯定的答复。普通人如果注意到这些问题的话，徒劳的人生也会变得有意义起来。

- 我的活法，对我自己有好处吗？对我身边的人有好处吗？
- 我的活法，能使我内心纯净并成长起来吗？
- 我每天都能做到积德行善吗？

- 我今天造善业了吗?

- 我做到每件事情都事无巨细、全力以赴了吗?

用扭瓶盖打个比方吧。若是瓶盖扭得不是恰到好处会花很多时间,认真扭上去就能让瓶盖咬紧螺口,但若是随便一盖便会出现瓶盖不紧的现象,甚至会掉落,非从头再来不可。这样就浪费了时间,一分一秒的浪费也是徒劳,所以我们做每件事都要认真完成,而不是草草地敷衍了事。

- 我每天都在不断学习并积累经验吗?

从日常生活的每一件小事当中学习并积累经验,这是很重要的学习过程,若我们不能很好地做到的话,人生便会成为一场徒劳。

- 我屈服于欲望、虚荣、傲慢、忌妒、失落以及
  愤怒等负面情感了吗?

还没有达到彻悟的人,难免会留有多余的情感,这也是没办法的事。有情感很好,但我们决不能屈服于情感之下,受感

情的掌控。也就是说，我们可以生气，但不能屈服于生气，被生气左右了行为和思想。

· 我没有贪恋感官的刺激，而是从日常生活中获得充实感了吗？

比方说，你能做到不满足于听音乐时带来的刺激性快乐，而是从日常生活中获得充实的感觉吗？若能的话，便是没有徒劳的人生了。但"今天很兴奋，很快乐"，这样的人生又是徒劳。

· 我努力做到最大限度地节约资源与时间了吗？

人类不论做什么事情都必须用到资源，时间、人力、水、空气都是资源，但我们必须做到最小限度地利用各种资源；我们不论做什么事都需要花时间，但必须做到最大限度地节约时间。不论是否能够成功，都要问一问自己是否尽了全力，这是非常重要的。

· 我能够非常高效、干劲十足地过好每一天吗？

偷工减料是极大的徒劳！只想着轻松，反而成了造成徒劳的原因。同时，让自己的头脑与身体动起来，让自己保持在一个活跃的状态上，这一点非常重要。

·我对世间万物都仁慈博爱吗？

若没有对于生命的热爱，一切都是徒劳。无视生命的人，他的罪孽会加重。

·我能够明白岁月如梭，人生的每分每秒都不可能重来这个道理吗？

人生和CD播放器不同，没有回放，没有重来。

·我能够明白，比起混乱、兴奋或紧张，"心安若素方为幸福"这个道理吗？

内心稳定而纯净地活着，这就是消除徒劳，获得幸福人生的基本。这些内容请一定牢记，若想让你的人生成为没有徒劳的人生，就一定要做到这些。

第三章

知足才能常乐

只留必要的，放下该放下的

消除生活的压力

我们人类的生活中有很多东西，包括不可缺少的东西与无关紧要的东西。为了能够有意义地活着，我们一定要把这两者区分开来，否则生活会很辛苦。

接下去我将探讨的思想，内容简单，但对生活很重要。大家若能认真记住，或许人生从此变得幸福；若能理解，也能摆脱日常生活中的大部分麻烦。

事实上，我们都是生活在各种麻烦交织的环境之中，但这些所谓的"麻烦"大多都可以摆脱。为了能帮助大家达到这样的程度，接下来我说些简单的思想，大家最好思考一下。

大家若能理解，便能轻松消除压力，开启智慧。

压力太大带来劳累与疾病

现代人都有着各种各样的压力，压力带来劳累和疾病，既有身体和生理上的，也有精神和心理上的。于是人们便不能正确去看待、思考事物，也不能作出正确明晰的判断。我的意思不是说那些人还处于公司培训阶段不能胜任工作，而是被别人拜托了工作之后不知如何是好，无法完成。

会出现这样的情况，原因就是缺乏智慧。为什么人们会没有智慧呢？因为背负了太大的压力。

接下来我将说一些重要的内容，若大家能好好理解，便能解决生活中的各种问题，成为不但对自己，而且对周围的人都能有益处的人。

人所不可或缺的四样东西

人一生中不可或缺的东西一共只有四样：

①食物

②衣服

③居所

④药

请不要因为它们看上去很普通就掉以轻心。这就是我要告诉大家的学问——生活的学问，幸福的学问。缺了这四样东西的话，你一定会很困扰吧？这是支撑生命绝对必需的四根柱子。

不可或缺的衣食住药

同时这些东西也是出家人所不可或缺的，因为这些东西是维持生命的必需品。在巴利语中，对出家人来说，下面这些词表示的意思与我们日常生活中的意义稍有不同。

第一个是"食"。这里是"托着饭钵得到的食物"的意思，因为这是"别人往我的饭钵里扔，或者丢的事物"。

第二个是"衣服"，但出家人就称其为"衣"。

第三个是"居所，夜归之宿"，虽说是"居所"，对出家人来说并不代表雄伟的寺院，只是"夜归之宿"而已。因为出家人早上四处活动，晚上为了休息必须住在某个地方。所以"夜里睡觉的地方"这层意思很明显，出家人只要满足这个要求就行了。

第四个是"药"。所谓"药"，就是"得病时能起到帮助作用的东西"，严格意义上来说并不仅仅是指"药"这一类东西。

不是更多就会更好

出家之时，首先要举行一个出家的认定仪式，仪式结束后便会告诉新僧这以上四样必不可缺的东西。释迦牟尼所说的都是最低标准，并且他说："你的人生就此改变，一定要记住这些。"

关于"食"，即手托饭钵，不论别人扔什么进来，都要觉得满足。如果是别人特别为自己做的饭，那就应当特别对待。确定了这个最低标准，日后只要达到这个标准就一定要努力做到。

释迦牟尼也曾说过，"日食一餐，七日不食亦不会死。应将生命维持在一种将死未死的状态"。这些代表着最低限度，并不等同于其他宗教里那些"要活得穷"的教诲。出家人要学会明白"有这些便足够了"这个想法，而不能抱有"再多一些的话会更好"这种没有限制的想法。

知足才能快乐

"食"的最低限度是"日食一餐"便觉得幸福，便觉得这是一种恩赐。"日食一餐"，但在这一餐上吃得很饱，这样也是不对的。虽然释迦牟尼不禁止吃得很饱，但是他也曾说过："有智慧的人不会吃成这样。"若能吃到两顿，出家人便要觉得这是个意外收获，但又不能因为这个意外收获而得意扬扬。释迦牟尼也说过："已经没有不满了，便无须多言，专心修行吧。"

这样的言说并非小气，亦非妄自尊大，而是告诉人们如何使内心充实，并指引人们走向成功。所以佛陀的说教显得严密而具体。

"衣"的最低限度是"到处都有散落的碎布片，将这些碎布片捡拾起来，做成衣服便够了"。如果有信徒捐赠布料，并说"就用这些做衣服吧"的话，出家人应该觉得那是意外收获。

"住"的最低限度是树下的一小片阴凉，或是崖石间一小处空隙。这种地方便足够住了。若有人邀请自己住在他的房子里面，那对自己来说又是十分幸运的事情。

"药"的最低限度是牛的尿。释迦牟尼曾教诲："若是生病了，取一些牛尿①，喝了就好了。"若有医生专门为自己调药，就是非常幸运的事情。

就是这样，佛教之人不能指望得到更多更好的东西。如果得到了，就当成是意外收获。因为出家人绝不能跨入奢侈的行列中。佛陀设定了最低限度的东西，修行之人得到了便要满足并为此而高兴。

轻松又充实的生活

我们出家之际，都会被告知"衣""食""住""药"这四个最低限度。而我接下去要说的，似乎是与这四样东西无关的内容了。

比方说，我问大家："你希望能得到多少钱？"结果听到的答案都让我无法认同。不少人回答说："多多益善。"但这是无知的人，或者说愚昧的人才会有的想法。

虽说钱是必要的，但若能确定了满足生活最低限度的货币金额，便能减少很多无谓的欲望。人们会过得既轻松又充实。

---

① 牛尿：在印度，被认为具有医治疾病、延年益寿的功效，现在印度的商店货柜上，还有用牛尿制成的饮料出售。

过去想着"月收入十万日元就足够"的人，若获得十五万，便会因多出的五万日元而欢呼雀跃。若持续这样，他们一生都能生活在幸福喜悦之中。

若是月收入十五万日元的人整天想着过月收入百万的生活，每个月都因为"这也想买，那也想买，不过区区十五万能买些什么"而心生不满，这样他们的一生终将在不满之中度过。在佛陀的眼中，这是错误的，是完全被破坏了的活法。

所以我认为，设定最低限度是简单但重要的活法。因为这种活法有很大的可行性，所以我们若是理性地考虑问题，就必须认真思索，设定好这个最低限度。

能够吃饱就很快乐

食物的最低限度

下面我再来说一说在家时的衣、食、住、药。

首先是食物。

就如同我之前说的，出家时所说的"食"是指"日食一餐"这个最低限度。但是，对于在家人的情况，释迦牟尼没有一一严格要求。在家的规定只是根据出家的规定推导而来的。

饭只吃刚好饱

对于在家的人，饭吃多少才是正好呢？

首先我们要考虑人们每天劳动之后新陈代谢的情况，然后确定必需的摄入量。这样做才对吧！

一般而言，成年男性一天必须摄取两千五百卡路里的热量，但实际上的摄入量还是因人而异的。

大家想象一下汽车的耗油情况吧。同样是走一百公里，并不是每辆车所耗费的汽油量都是一样的。即使是同一制造商生产的同一款汽车，由于组装上的工艺不同，每辆车之间也都会有细微的差别。

我们人的身体与汽车一样，需要多少"汽油"也是因人而异的。有些人吃一个饭团能撑八个小时，有些人吃了之后一个小时肚子又饿了。而且，摄入量的多少也与那个人的年龄有关，孩子如果吃得少，生长发育就会放缓甚至停止。

我希望大家绝不依靠感情，而依靠知识去明白这个道理。有些新陈代谢功能很强的人想减肥，便每天只吃很少的东西，结果可能会得病。

此外，每人每天的劳动总量不同，食量当然也会各不相同。今天做得多，就多吃一点。若一整天在家无所事事，那么少吃一顿也无大碍。所以，我们必须要好好考虑这个"正好"的问题，并加以控制使生活变得平衡。

切不可为食物行恶事

即使是为了吃到适量的饭，也不能据此理由做恶事；即使饭菜量已经减少到勉强不影响身体健康，我们也绝不能以此为依据做恶事。进入自己身体的东西，必须是遵循正道来获得。

即使是为了让自己的孩子或者家人吃饱肚子，也不能开做恶事的先例。"我这么做都是为了家人，所以做了坏事也是被逼无奈！"这种解释在佛教中不能被认可。即使由于生活窘迫，没钱买吃的，这样下去会营养不良，必死无疑的情况下，也绝不能做偷窃的勾当。

即使不能得到足够的食物，即使有营养不足的危险，也必须遵循正道。佛陀不认可任何恶行。

这里有一件事，我希望大家能理解。如果一个饱受饥饿之苦的人偷了我的食物，我也不会去责备他！因为我本人是怀着一种给他食物的想法的。但是，这还只是我个人的想法，并不代表我认同那个人的行为。若是认同了那种行为，那么"没钱了大家都去偷吧"这样的道理也都说得通了。很明显，这种行为在道德上无法成立。给没有钱的人一些钱物是我个人的想法，但是任何人都没有抢夺他人财物的权利。所以，如果别人不给自己，我们也不能强取豪夺。

例如，自己肚子饿的时候，恰巧旁边的人手里有一个饭团。但是他已经吃饱了，正想把这个饭团扔掉。

即使是这样，我们也不能趁着他聊天不注意时便自作主张。记住，不论自己有多饿，不论身边的人是不是真的准备扔掉手中的饭团，我们都不能偷走这个饭团。

但是如果那个人说"如果你肚子饿的话就请吃吧"，那你就可以拿来吃了。这才是遵循正道。另外，如果那个人已经把饭团弃于一旁，就意味着他放弃了自己对那个饭团的所有权。这时候我们把饭团捡来吃也是可以的。

但是，在那个人丢弃饭团之前，我们都不能拿走饭团。即使会死，也绝不能行恶事，佛教禁止行恶事。

对自己要求严格一些，活得更轻松一些

看到上述如此严格的教义之后，可能会有人觉得"佛教的活法根本不轻松"。但是我认为，若是能遵循佛教的活法，可以活得比任何人都轻松快乐。

只是，佛陀并不是教人"要轻松地活"，而只是教人要"严格地要求自己，不断精进努力"。因为，成天只想着轻松生活的人最后都可能成为懒汉。所以，佛教之中对于"莫求人施舍自己物品，因为这不是正道"以及"没有食物时，要忍饥挨饿，没有办法"等规定是非常严格的。

但是，事实上大家不用太担心。因为严守正道与守护道德的人不会行恶事。此外，若是每个人都能依照正道来行事，便不会有饥饿这种事情发生了。释迦牟尼曾说过："守'法'之人，由'法'来守护！"严格践行正道的人，正道也同样会守护他。

为了让自己活得不脱离正道，有一个"我要活得正确"这样的觉悟是非常必要的。有了不论面对什么诱惑，都不能把我从正道上拉开的觉悟，"正道"便会自然而然地守护你，从此以后你的人生就不会再有危险。

"正道"就是佛陀的教诲

在此，我要先解释一下"正道"这个词语。

这个词语在佛教上则是"释迦牟尼祖师所传授的教诲"的意思。一般情况下，在佛教中谈论到释迦牟尼所传授的教诲，里面都包含着"正确的教诲、无误的言说、普遍的真理、道德的方式与不造恶业的活法"等含义。这些都是经常提及的概念。

吃太多就是偏离"食的正道"

人无论如何都离不开"食"，所以我们经常会在不知不觉中偏离了"食的正道"。若是我们这样做了，便会把不可或缺的食物变成无用之物。这一点请大家一定要注意。

早餐会与午餐会便是无用之物。虽然是同一时间完成两件事，看上去效率很高，但若是注意力集中在会议上的话，便会分心而不能好好吃饭；反之，若是注意力集中在吃饭这件事上，便不能专心开会，反而会拖后腿。因此，实际的效率可能并没有看上去那么高。政要们因为没有时间，所以大多选择与别国的政治家边用餐边开会。因为一直都是如此，所以政要之间召开的国际会议或国际调停结果往往都不尽如人意。

此外，还有人被食物诱惑继而被利用的情形发生。政治家们或是商人们常常会算计，如何利用食物让自己在交谈中处于主动地位。比如说，某国总统最喜欢的食物是蟹类料理，那么他国政要就要为他准备最高级的蟹类料理，趁着他大快朵颐之时一口气将话题推进。日本政要通常对这样的策略毫无抵抗力，这样就会在国际会议中失去主动。

但日本天皇并没有被食物所诱惑的经历。这是为什么呢？因为天皇不参政，即使到了外国也不会带有政治目的，只是为了促进国际交流而努力。相反，首相、大臣及议员们就很有可能受到影响。晚餐会等，在我看来，也并非是为了摄取营养而举办的聚会。从佛教的角度来说，很明显这些也是没用的东西。

那么，所谓晚餐会到底是什么呢？其实，晚餐会不过是自我炫耀、骄傲自大、徒劳浪费，或者是情感与欲望的陷阱，获得刺激兴奋感受的机会，给邪恶行为制造可乘之机，让别人背上人情债等，这些才是它的本质。为了这些目的，才有了晚餐会的举办。无论多么盛大的晚餐会，在我看来目的都只有这些，所以是无用之物。

饮食过量不会幸福

于是，我又必须要问到下面这个问题了："你只是为了避免死亡而吃饭吗？"

这个问题必须认真考虑。也就是说，你现在吃的东西，不吃就会活不了吗？

如果答案是肯定的，不吃确实活不了，那就是正道。比方说，一个人一整天都没吃东西了，那就必须得吃。好好考虑自己的年龄层次、劳动量与新陈代谢的程度，每次都吃正好适量的食物才是正道。

如果答案是否定的，不吃也还能活下去，那就是邪道了。比如说，某人刚吃午饭，又马上吃了一个大冰激凌。不吃这个冰激凌，你会死吗？不是吧？那只是你为了额外享乐而做的事情而已。这样一来，便意味着你进入了无用之物的世界。

释迦牟尼曾说过："邪道便是罪过之道。"这一点规定非常严格。许多人吃过午饭之后还吃蛋糕或者冻糕，看似没有恶业，实际上已经对自己的身体做了多余的事情。不是为了避免死亡而吃食物，这便是偏离"食的正道"，也就是邪道。邪道即恶道。虽说吃区区一个冻糕并不能算是什么恶业，但若是按照必要性来考虑的话，这也已经属于恶业的范畴了。

笃信佛祖，戒掉饭后吃冻糕的人会幸福吗？当然幸福！这样的人会生病吗？当然不会！这样的人钱会不够用吗？当然不会！因为这样的人是守"法"的。

美食节目诱使人们饮食过量

世间众人所受诸苦，皆因他们偏离"食的正道"而起。

世界各国之中，数日本集中了最多的料理美食家。每天人们看电视时，都能看到不同的料理美食家轮番上电视节目，教大家各种料理的做法。还有一些节目，内容就是在一些地方吃个不停。说是个旅游节目，其实就是走到哪儿，吃到哪儿。

按照他们的吃法，一天吃了不下四五顿饭。我看了这些节目，心情很不好。这种流着口水，走到哪儿吃到哪儿的节目，本身就是邪道。

所以我边看这类节目就会边考虑：

"只要吃了这个牛排，到了晚上肚子肯定还不饿。可是偏偏眼下不可能立即吃到牛排。"

因为摄制组花钱让人制作料理，不可能稍稍吃一下就结束拍摄。所以他们多半之前会花很多时间取材、整理，然后用一天的时间去编辑以便完成一期旅游节目。

但是，观众们都被欺骗了。"那家店在哪儿？世田谷？去吃不？"他们会怀着这样的想法，追随着电视节目的脚步搜寻美食，终于被拖入了"不必要"的世界之中。

礼节过多的饮食无法产生幸福感

另外，还有一些人满心想着要吃法国料理。

但是，只用过筷子的人其实根本就不知道如何正确使用刀叉，于是只好十分努力地去学习、去模仿。但这样做，我认为还不如去学点有用的东西更好。这样吃法国料理不是反而使人紧张，让人感到辛苦吗？

法国人大多不被无聊的礼节束缚。他们非常自然，什么也不想，就用手边的刀叉去吃饭，刀切不动，就用手抓着吃。反倒是日本人在那里无谓地烦恼，"该用什么刀，什么叉"，十分痛苦。

另外，有些人听邻居的太太说她去吃法国料理的经历，于是心里开始盘算"我也要去"，只是为了吃过之后，向邻居们炫耀，享受炫耀时被羡慕的感觉，这也是人生的邪道。

痛苦，就是在这些事情中孕育而生的。在家里，同自己的家人一起吃自己做的炒面，不会下地狱吧？虽说没有"不能吃法国料理"的规矩，但人们若只是为了想向邻居们炫耀一下而去吃法国料理，这就有问题了。这就是无用之物。

饱食时代的罪过

释迦牟尼曾说："不可造恶业。"但日本人说着"饱食时代"的同时，已经造下了许多恶业。人们觉得牛肉口感必须柔嫩，所以就给牛喂啤酒，用如此不健康的方式来饲养肉牛，让它们富含脂肪，饱受痛苦，最后，把这些牛杀了端上饭桌。

既然人们有牙齿，那用牙齿撕咬牛肉不就可以了？为什么还非要吃像冰激凌一样入口即化的牛肉呢？这明显是违反自然法则的嘛！因为牛肉生硬，撕咬起来不方便，于是人们就不喜欢吃，而改吃那些经过加工的柔嫩的牛肉制品，这难道是健康的生活方式吗？

日本是世界上首个成功养殖鲟鱼的国家，而这仅仅是因为人们想吃鱼子酱而已。到底为什么要做到这个份上呢？

因为要吃鳗鱼，于是就从海外大量收购鳗鱼。曾经有人请我吃鳗鱼，边吃边问："还是日本的鳗鱼最好吃吧？"我只能应付他说："对啊，还真是这样！"硬逼着我说违心话。但是我知道，这些鳗鱼并非日本原产。而且，"鳗鱼做的料理真好吃，无与伦比"这种想法本身就是对于鳗鱼生命的轻视。出家人若是有这种想法，内心会被污染，会下地狱的。若你自己要下地狱的话，自己去就好了，何必硬要拉上我呢？

遵循正道，自然身体健康、生活幸福、内心安宁。但若是走偏一小步的话，整个人生就会偏离正道。

只要吃饱，就应感到幸福

现在的商店里摆满了各式各样的蔬菜，但尽是些我绝对不想吃的东西。

前几天我见到有卖烤番薯的摊贩。虽说只是常见的番薯，但因为产量少，店里每天只能进四十千克，因而成了卖点，顾客在门前排起了长龙。顾客排了很久的队，结果用六百日元买了一个烤番薯。难道这样子会幸福吗？我非常不解。

人们若是想吃，不是可以去到处都有的烤番薯小车上买吗？那些小车卖的烤番薯价格便宜，卖烤番薯的大叔人又很亲切，在他那儿买，不是更好吗？大叔们不是有钱人，他们没有架子，谦虚地活着。我们只是从他们那儿买了一个烤番薯，他们便会觉得快乐，难道不是这样吗？

正如上文所述说的那样，我们为了食物承受着巨大的痛苦。所以我们不能因周围人所说的"饱食时代"而高兴得忘乎所以，继而被蒙骗还茫然无知。在物质丰富的同时，我们的精神却日渐空虚了。

攀比美食只会产生压力与痛苦

我们吃法国料理的时候，刀叉拿错了不是邪道，也不算失礼。人们爱怎么吃就怎么吃，怎么都可以。但是，落入吃的邪道，便是一种堕落。为什么？

大家都很喜欢晚宴或是宴会吧？大家会觉得很快乐，是因为那些东西刺激了我们内心的情感，让我们的心兴奋起来，让我们的欲望得到放大。

比如说，家长看到邻居家孩子的生日宴会豪华，便会产生竞争意识：我家孩子的生日宴会也不能输给他们，于是就大手笔地举办豪华宴会，结果只是使自己变得更虚荣、更刺激了嫉妒心与竞争心。"为了孩子"只不过是欲盖弥彰的一个借口罢了。父母养育子女本是非常好的事情，但若是在养育子女的过程中产生了愤怒、忌妒与憎恨等情感的话，等于给自己造就了一条通向地狱的路。

输给自己的情感，或是不想跨越自己的情感屏障，都是因为不理解"情感便是痛苦"这个事实，这是一种根本的无知。

输给自己的愤怒，人们便会觉得痛苦，不是吗？输给自己的欲望，便意味着自己的人生被践踏了，不是吗？输给自己的忌妒，那就成了一种精神上的疾病了。所以，我希望大家明白，情感是一种不好的、危险的东西。举行宴会、搜寻美食，追求饮食的刺激，终会渐渐使自己变得更加无知。

发现"食的正道"

我们每天收看的电视节目里，有对各种料理的介绍，也有对各地饭店的介绍，这并不完全是一件坏事。

电视节目中介绍各国料理，为观众们提供了世界各地的信息。而介绍生意并不理想的饭店，也是对饭店经营者的一种帮助。但我觉得，非常不好的是这些行为都受到了情感的摆布。被情感摆布的结果，是电视台让观众看这些节目，只是为了提高自己的收视率，而把重要的提供信息的功能放在了次要的位置上。

我们不要被感情所摆布，去造恶业，而要学会在不造恶业的前提下尽情享受人生，这才是正道。这一点，我希望大家都能够理解。

追求感官享受，有乐必有苦

人们偏离"食的正道"使自己变得更加无知，不去开启自己的智慧，反而纵容自己的无知越变越大。看似平凡而无害的饮食文化，若是脱离了正道，让人堕落的程度能令人震惊。

这种活法被感情牵着走，无法实现人格的成长与健全。有谁吃了法国料理之后就变得杰出了吗？有谁吃了泰国宫廷料理之后就变得伟大了吗？这些东西实在无益于人格的成长。

相反，这些东西会让人变得更加爱慕虚荣。那些人会拼命炫耀自己去曼谷吃过宫廷料理的经历，就好像吃了这些东西就变得高人一等一样。

若是有人真做了这样的事，别说是杰出，就连人格都会变得扭曲。虽说他们享受了眼前那份刺激和快乐，但结果是将承担长期的更为巨大的痛苦。

那么，这种所谓长期的巨大的痛苦到底是什么呢？

其一，失去健康。因为吃的方法偏离了正道而生病，例如因生活习惯不好带来疾病等，而目前医学还没有特效药或者有效的疗法去医治这类疾病；其二，人格败坏与堕落。如此，这些人未来的人生也会出现危机，将要承受长期的痛苦。

不为虚荣地享受食物

直到现在，我还一直在说晚宴与宴会的坏话。但是在佛教中，这些行为并没有被禁止。佛教徒并不禁止宴会，而是要求行于中道。

那么，所谓"食的中道"又是什么呢？

佛教中有必要的话，也可以举办宴会。孩子还很小的时候，他们肯定都很期待生日宴会。所以，我们可以为他们举办一场生日宴会，叫他们的朋友一起来参加。

但是，我们不能为了虚荣这么做。

若是在生日宴会中，来玩的孩子做了坏事，我们也不能因为他们是别人家的孩子而包庇他们。我们应当让他们吃适量健康的食物，让他们在一起玩耍，再把他们送回家。做到这些就足够了。这样子去做，我们便能享受到"中道"的快乐。

如果有一天，有客人来访拜自己，于是我怀着"好久不见，出去找一家好点的饭店一起吃点东西，平时过得节约，难得一次吃点好的"的心情去享受食物，便足够了。这样去邀请客人的话，对自己的健康也有利，客人也不用担心是否给我增添了额外的负担，双方的会面始终处在一种快乐的氛围之中。所以，大家要做到始终基于理性且坚持中道。

穿得暖就感到知足

为什么穿衣是必要的？

动物是不需要穿衣服的，"衣"只是人类自己的问题。所以首先，我们必须来理解一下为什么对于人类来说，穿衣是必要的这个问题。

这里，我要先解释一下释迦牟尼的想法。佛陀的想法是，先确定最低限度，然后以此为标准，达到标准便可以了。

人穿衣服的时候，要与动物相比较，考虑什么是衣服这个问题。虽然动物与人类一样都是生物，但动物不需要衣服，理由如下：

①人类的身体难以适应气候变化。过冷或者过热的气候环境都会导致人类死亡。

夏天的时候，人可能会被热死；冬天的时候，人可能会被冻死。但动物不像人类这么脆弱，无法适应气候变化。隆冬时节，即使把乌鸦放在户外，它也不会被冻死。一到夏天，动物的毛发就会脱落变得稀疏，而到了冬天，动物的毛发又会重新长出来变得浓密。动物毛发的多少是与气候相适应的。人类可就没有这么"方便"的身体了。

②人类的皮肤难以抵御外界入侵。异物都是通过人类的皮肤进入身体的，非常危险。

同样是在皮肤上涂抹些什么东西，若是涂在蜥蜴的皮肤上，这些东西就不会通过它的皮肤渗进体内。但是，人类的皮肤很容易吸收这些东西，因为人类的皮肤比起动物的要脆弱很多。

③人类的社会制度规定人们必须"以衣蔽体"。

世界上也还存在着全裸生活的人类群体。但是，大部分人类在历史长河中不断进步，构建了社会制度，形成了"以衣蔽体"的规定。所以，人类穿衣服是必要的。因此，这就是衣服必要性的最低标准。但是最低标准中并没有规定"一定要穿香奈儿"等内容。即使是为了满足必要的最低标准的衣服，也必须遵循正道去获得。通过犯罪而得到的衣服既不能蔽体，也不能赠给家人和孩子。

我们的衣服华丽也好，破旧也罢，遵循正道取得的衣服才是美的。佛教中的美并非皮肤的美，而是作为人的美。

为了漂亮穿衣就是偏离"衣的正道"

在这里，我将举几个偏离"衣的正道"的例子，并对它们作出分析。

①穿衣服是为了让自己看起来漂亮。

衣服不应该是为了让自己看起来漂亮才穿，而应该是为了保护自己的身体而穿。"让自己看起来漂亮"这个行为本身就是一种欺骗。

②穿在身上的衣服即使对自己身体不好，也无所谓，只关心衣服外观好不好看。

现代的女性常常会穿对自己身体并不好的衣服，只因为穿着感觉漂亮。寒冬腊月，穿着低胸的衣服，或是选择背部大部分裸露的衣服。这也是一种偏离正道的行为。

③为了与他人比美而选择衣服。

不仅是女性，就连现在的男性也有这种行为，他们经常会为了选择一条合适的领带而苦恼。我觉得这些行为非常不能理解：你们的衬衫跟外套的颜色难道不是都差不多吗？

④为了自己膨胀的欲望与炫耀的心态而穿衣服。

在我看来，所谓比美，也不过是"如何燃起自己的忌妒心"的一种行为。而欲望的竞争，也只是"如何表现得更性感"而已。简单来说，就是"穿什么才显得更性感"这个问题。这种行为只是人类体会到自身的性欲，想让周围的人也跟自己拥有同样的感受。

我们很多人都知道，穿某些衣服就是造恶业。所以，人们所谓的"肉体美"只是强求身边的人与自己具有同样的想法。这种人的内心被玷污，是在造恶业。专挑名牌服装的人并不是在追求衣服的品质，而仅仅是为了炫耀而已。若是真的想要品质好的衣服，找裁缝按着自己的身材做一件就行了。那些量身定制的衣服既穿着合体，又比名牌服装便宜。

如果不追求名牌，难道女性不会自己做衣服吗？用缝纫机做衣服当然是一件相当劳神的事情，因为要考虑"用如此普通的布料如何做出漂亮的衣服"就是相当大的脑力活。但这样做，既不浪费衣服料子，又能提高自己的技术，这才是正道。

⑤为了刺激他人的情感而穿衣。

打个比方，男性见了一个穿着性感的女性，都会产生一些色情的妄想，而女性则会感到非常生气。这种忌妒或是愤怒的情感，无论哪个都是恶业。

偏离"衣的正道"会造恶业

衣服同食物一样，若偏离了正道，人就会堕落。

加强自己的情感，刺激了他人的烦恼，这也是一种邪道，是一种罪过。这种偏离穿衣正道的做法，就是造恶业。

佛陀曾教诲出家人："各位，请保护好自己的眼睛。"

"见了穿得非常性感的人，也不能盯着看。即使看了，也要把他们想象成尸体或是稻草人。这样做的话，内心便不会被玷污。"释迦牟尼留下这样的教诲，是因为没有别的方法让众人去守护自己的心。偏离穿衣的正道，会成为巨大的烦恼与痛苦的根源。

即使在日本，也有过某生产名牌服装的公司分裂成两家之后，他们的家人与家人之间展开了激烈竞争的先例。他们都怀有很强的竞争意识，相互威胁着要让对方倒闭。为什么会竞争到那个份上呢？还不是因为偏离了正道！因此，偏离正道会让你本来的无知变得更巨大。

有地方住就很满足

为什么居所是必要的？

不同于衣服，居所对于动物而言也很必要。请大家注意这一点，然后再去思考。衣服，动物不需要，但是居所对于动物是不同的。因为这是用来安放自己身体的地方。动物也会需要一小块地方安放自己的身体。

人们走出家门后，自己的身体就会被放置在学校、公司、商店等地方，但这些地方都不是人们的居所，因为在这些地方都不能让人的身体得到休息。所谓居所，其实就是让身体得到休息的地方。动物白天外出觅食，那些经过的地方都不是居所，等到天黑了，动物回到停留的地方，那个才是动物真正的居所。

居所的最低标准

那么，什么才是人的居所的最低标准呢？佛教之中，所谓"标准的居所"就是"满足最低标准的居所"。标准的居所含有以下几个条件：

①保护身体不受气候变化的影响。

人类为了防止自己不受严寒侵袭而有了居所。因为，若是没有居所，人就有可能因无法适应气候的变化而死亡。

②保护自己不受敌人的侵害。

晚上睡觉的时候，若是被狗熊袭击了怎么办？若是被毒蛇咬伤了怎么办？不仅是人类，这些问题动物也有。因此，为了保护好自己的生命，动物也必须做一个能让自己栖息、不受外界威胁的"家"，晚上便住在那儿。

③保护家庭成员。

如果有孩子的话，父母就必须要去保护他们。所以，一定要让孩子们住在一个安全的地方。狮子也好、老虎也好，都由"母亲"负责挖洞穴，把它们的孩子放在洞穴里面。

以上三点就是居所最低限度的要素，也是居所的最低标准。

虽说是为了必要的居所，但也不能违背正道，通过犯罪去获取。人类若是通过犯罪取得居所，即使是为了保护自己与家庭也还是一件错误的事情。大家必须懂得，遵循正道取得的小房子，也远比犯法得到的豪宅来得漂亮、舒适。

偏离"住的正道"

接下来，我将举几个偏离"住的正道"的例子，并对它们进行分析。

①为了与别人的房子攀比而建造自家的屋子。

这是偏离了最基本的目的。造自家房子的时候，有人还想着与别人的房子攀比，因此这种观念从设计开始的那一刻就是错误的。这个房子是为了自己与家人有个居所而建造的，只要考虑好住房的必要性就足够了。

②为了满足自己的欲望、虚荣、骄傲、自我、愤怒与忌妒等情感而选择住所。

为了满足这些情感，人们到处寻找高档的家具与豪华的住所。现代社会就有这样的人，为了住得舒服而固执地住在东京的高级住宅区里，或是人虽在东京上班，却一心想着"造一间大房子住在里面"而在很远的地方买了一块地盖了房子，终日在两地之间劳苦奔波。但是，若是父母为了孩子的身体健康着想而选择在乡村盖了一间大房子，自己则每天花很多时间去市区上班，这就不算偏离正道。

③引起他人负面的情感，使他人内心受到玷污。

每当看到豪华的宅第，人们都会有一种"我也想住那种房子"的想法，毫不理会因这栋房子使自己的心受到了虚荣的侵蚀。这就是人们的内心被与自己无关的财富玷污了的表现。

但是反过来说，也有人怀着批判的心情，想着"怎么能造那么大的房子"，这其实也是对自己的一种愤怒。因为自己不能造这么大的房子，所以心情就变得很不好，会想着"明明我已经这么努力了，但还是不能造出这样一间像样的房子。比起我家的房子，这间房子多大啊"，并陷入这种想法之中，无法自拔。

也就是说，造了这幢豪华宅第的人，不论从用钱的方法，还是建造豪宅的目的，都让看到的人产生了各种各样的情感，玷污了他们的内心。这真是一种罪过！无法管束自我膨胀的感情和无知的做法就是邪道，是堕落之道。具有这种做法的人，人格不可能得到提升。所以，住所也应当有最低标准。人们若是忘了这个标准，便意味着一只脚已经迈向了堕落的深渊。

能治病就感到知足

为什么药是不可或缺的？

药品是在人们得病之后，让身体恢复正常的必要物品。

在药品这方面，虽然我们无法把人类与动物拿来比较，但不能否认确实有一些动物会吃"药"。但是这些动物即使吃错了药也不会加重疾病。从这一点来看，它们或许比人类更优越。服用药物后产生强烈的副作用，或是加重病情的，只有人类而已。所以，过去日本的药草与中国的中医都是尽可能地借用动物的智慧来完善自己的药品。

人们若是无视疾病，就会死亡。所以药是必需品。有些病时间一长，人体自然会痊愈，但也有些病如果放任不管便能致人死亡。所以，药品对于人类来说不可或缺。

但是，药有时候也会成为不必要的无用之物。

什么样的药才是必须准备的呢？

①为了避免死亡的药。

②为了让身体恢复正常的药。

人类用药的目的就只有这两个，没有其他。这就是伟大的佛祖释迦牟尼提出的药的最低限度，也就是所谓的"标准"。请大家一定要记住。

药也一样，我们必须通过正道来获得。虽说得了某些疾病，有死亡的危险，但也不能因此而盗取他人的药品来延长寿命。

印度人生病了不吃药

对于严守"食的正道"的人而言，疾病并不是什么大问题。在印度，生病被看作是一件很奇怪的事情。

如果有人得病了，会被看作是医生的过错。因为印度的医生有保障人们健康的责任，医生的责任就是不让人们得病。在印度，医生往往会指导人们什么该吃，什么不该吃，该吃多少等等，用饮食控制疾病。

如今在印度，用药物来治疗疾病的做法仍很少见。印度人每天有节制地进食，每月一次或者三个月一次不进食也被看作是一种很好的做法。

据说印度曾经有一位总理，每个月都要喝一次尿。虽说尿液被视作极为不干净的东西，但人们喝了能净化自己的身体。

所谓正确的净化，就是让所有的细胞产生拒绝的反应，把人体内不好的东西通通排出体外。

另外，还有一种能清洁身体的草药。这种东西虽然非常难喝，但苦口良药，能把体内有毒有害的物质通通排出体外。所以，印度人每个月都会喝一次。这种东西，与其说是药，不如说是植物。在印度，人人都知道这种药的配制方法，用至少三种植物调和后煎服。这绝对不是什么好吃的东西，但的确能把体内所有的坏东西排除干净。之后第二天，人们就可以喝粥。因为有这种习惯，印度人不担心会有脂肪囤积、胆固醇偏高的现象，或者是心脏病等现代疾病。

但是，近些年来，印度人受到欧洲人的影响，也开始喜欢上奢侈的生活。现在，印度许多有钱人的身体也都成了"疾病杂货店"。

恪守"食的正道"，疾病迎刃而解

若能恪守食的正道，人们便不用担心疾病的问题。就算得了病，身体也会自然痊愈，或是依靠简单的治疗、少许的药品便能治愈。

有些人患上疑难杂症、不治之症，或者需要天价治疗费的疾病，都是因为偏离了"食的正道"。

现代病很复杂，致病的原因远远不止一个。身体的一个部位得了病，别的部位也会接二连三地出现各种病症，让医生无从下手。刚开始说是心脏不好，但同时又发现胆固醇偏高，后来查出肾脏也不大好。于是医生想先治疗肾脏，却发现用的药对胰腺有害处……结果，医生也被弄得晕头转向，不知所措。情况变成这样都是因为偏离了食的正道，都是人们自作自受。

你偏离了"药的正道"吗？

接下去，我举几个偏离"药的正道"的例子，并加以说明。

①为了美容或是减肥而服用药物。

人们为了变得美丽或是让肌肤变得年轻而服用药物的行为，在我看来是不好的。若是服药之人内心平稳，细胞自然会变得清洁，皮肤的状况也会变好。让细胞接受额外的活动只会加速它们的死亡。

②为了长寿或是增强体力而服用药物。

运动员常常会服用一些增强自己运动能力的药物。这也是偏离正道的做法。

③服用毒品。

毒品中常见的一种——大麻，本来也被人们当作药物使用。原先人们只能按照医生的处方使用，现在却被别有用心的人肆意滥用。

在印度，就有一种名为"阿输吠陀"的传统医学流传至今，为人们广泛使用。阿输吠陀中，推荐人们使用的药物数不胜数，而在那些被推荐名单之中，也有一些需要用到大麻来调配药剂。

但是，现在的阿输吠陀医生都因为大麻的问题而烦恼不已。随着年龄的增长，人们的肌肉会逐渐萎缩。有一种药能用来减缓肌肉的萎缩。这种药是由一百多种药草调配而成的，这当中也包括大麻。因为这种药只是将少剂量的大麻放在大剂量的药草中混合，不会影响到人的大脑的正常功能，而只是刺激全身细胞，使它们活性化。

本来这种药，医生只为将死之人准备，目的是让他们"起死回生"。通过这种药物，人们能直至临死前都保持清醒和健康，而后突然死去。所以，过去的人们死前并非卧床不起，而是在田地里干活，直到生命的最后一刻。

这种药的使用，根据年龄层次的不同，差别也非常明显。年轻人是决计不能喝的，而那些四五十岁的人，即使身体出现了老化现象，医生也会先建议他们服用其他的有效药物。

但是在现代社会中，大麻与鸦片，这些本来被当作药物的东西却为了给人们提供快乐而被肆意滥用。这些毒品本身带有的强大毒性，使人们的大脑与肌肉都遭到严重损坏。另外，毒品还会在人体内合成有麻醉功效的化学物质，损害人体健康。

就像这样，人们因为"服用毒品"这种可怕的偏离正道的行为，使许多本来治病救人的药也开始变得被禁止不准使用了。

偏离"药的正道"，会导致犯罪

不遵循医学原理，滥用药物的行为就是偏离正道。像这样服用药物只会增加人们的烦恼，使人变得更加无知。

比如，有些奥运会选手，为了使自己的身体素质好得足以拿到金牌而不惜服用兴奋剂等违禁药物，最后被发现而失去了比赛获得的荣誉。

本来运动员即使拿了金牌，也有属于自己的生活吧？这样服用违禁药品，不是为了国家的荣誉而毁了自己的大好人生吗？因此，虽然运动员们的身体素质普遍很好，但早死的人也不计其数。就是因为他们为了成绩、为了破纪录而违规服用对自己身体有害的药物，做了许多伤害自己身体的事情。

所以，偏离正道便是一种犯罪，这种行为只能让自己变得更为无知。而人们偏离了药物使用的最初目的，便等同于造恶业。

以上，我就食、衣、住、药这些人们不可或缺的东西阐述的一些我的个人意见，并对与这些东西相关的偏离正道的行为做了一些说明。说到底，现在整个世界处于混乱不堪的局面之中，都是由于无用之物在作祟。

除了衣食住药，其他都不是必要的

支撑生活的附属品

到这儿，我们已经了解了人类生存不可或缺的四样东西，那就是食、衣、住与药。除此之外，还有一些支撑生活的附属品。

比如说，菜刀。菜刀不属于衣、食、住、药中的任何一种，但它也是必需品。另外像火柴、燃料、餐具等也都是必要的，但算不上是生存所不可或缺的物品。

若是人们只有食、衣、住、药这四样东西，即便在深山老林中不与社会接触也能生存。所以别的东西并非不可或缺，只是如果人们能够拥有就会更好。所以，这些东西就被称为"附属品"。在我们身边，就有这些能够改善我们生活的，像各类家具、道具等附属品。

这些提供方便的道具能使人们的生活更加轻松。比如石器时代，人们生火需要依靠钻木取火，这样很累人吧？但是，有了打火机之后，生火不就方便了很多吗？所以，打火机也可以算是一件让人生变轻松的道具。

佛教并不禁止人们使用这些道具。因为使用这些道具可以使生活变得有效率。

虽说如此，但这些终究不是不可或缺的东西。即使没有打火机，人也能够活下去，不至于死亡。与之相反的是，若是没有食物，人们就会饿死；若是没有衣服，一旦遇上强烈的气候变化，人也会因为适应不了气候的变化而死去。

因此，我说附属品为生活提供便利，这是必要的，但若是没有，也无所谓，人也不会因此而死亡。这一点请大家牢记。

不能提供方便的附属品，会导致浪费

日常生活中，我们会购买各种各样的东西。

比如，在车站或是百货商店里正巧赶上了"冲绳特产展"，我们就会一个劲地疯狂购买，这样做是不对的。

在买东西之前，我们最好考虑一下"这东西会不会给我的生活带来轻松便利"。轻松了吗？方便了吗？这就是标准。若是附属品得出的结论是"有了这个东西，我的生活就能变轻松"，就可以买。

若以"轻松方便"为衡量标准去评价家里的每一件东西，人们便会发现家里到处都是没用的物品。不能让人们的生活变得轻松、方便的附属品，便是浪费。

不提供方便的附属品也不能让生活轻松

在附属品的世界里，偏离正道的东西比比皆是。

一次，我去买打火机，看到了一个带LED小灯的打火机，价格与普通的一次性打火机是一样的。当时我考虑到"同样的价格，当然是会发光的打火机更加合算"，于是我就买了那一款。随后，我便用它点了蜡烛与线香。用完之后，我又试着按了一下小灯的开关，它放出的蓝光非常漂亮，于是我想到需要的时候还能当成手电筒使用。

但是，那种打火机要比起普通的一次性打火机耗气。因为是一次性打火机，所以用完非扔掉不可。但是我买了这个打火机，手电筒的功能又怎样呢？LED小灯应该可以使用好几年吧！电池也是一开始就装在里面的，非常耐用。导致的结果就是LED灯不怎么耗电，一般一用就是一年。但是打火机一般也就只能用一个月而已。

关于这个玩意儿，我至今也想不明白。既不轻松，又不方便，但是又不能说不方便，总之，怎么说也说不明白。手电筒的功能，我也不能说它不好，发射的光的确非常漂亮，又照得很远，但是，到底有什么用处呢？我实在是想不明白。

生产商们都希望顾客能买自己厂里生产的打火机，这一点确实没错。同样的价格，一个打火机带小灯，另一个不带，不论谁去选择，都会买带小灯的那一款。但是细细想来，这种工具与附属品的世界里大部分东西一样，都是偏离正道的东西。

附属品大多是些偏离了正道的东西

随着科学与技术的发展，世界上的附属品堆积如山。比起那些必要的东西，反倒是不必要的东西占据了绝大多数。

稍微估算一下，厨房用具大约有三百种，削皮的、开罐的、拍打肉食的、剁肉末的、切薄片的、切菜的、磨粉的……其实有一把菜刀的话，人们已经可以完成大多数的厨房工作了，现在要把这些工作分给不同的工具来完成，真是够啰唆的。

用电动开罐器的确很方便，一下子就能把罐头打开，但是我想问问，真的有这个必要吗？虽然有了开罐器很方便，但是我用钉子也能把罐头打开呀！但是，这样做我不仅要花好多时间，而且还需要一定的技术，确实很不方便。这么看来，用开罐器确实要方便一些。但是开罐器这种东西，我们买一个一百日元的那种就已经足够了，有什么必要去买一个八千日元的电动开罐器呢？这种东西体积又大，又占地方。

大家要记住，现在商店里陈设的工具并非一个一个都根据"是否必要"这个原则来发明生产的，而是生产商们怀着希望卖出去的想法制造出来的，他们生产的时候会考虑"这样的东西会不会卖得很好呢"这些问题。所以，我们买工具的时候，一定要考虑好"这个真的必要吗"这个问题。

压力来自于被工具支配

现今世界上的大多数工具，都不是为了满足人类需求而制造出来的。相反，现在倒是人类在适应那些工具，按照工具指定的方式生活着。

我想请大家想一想，你们自己家里是怎样一种情况呢？现在的工具是否适应家庭的实际情况？我认为，所谓家，应该是按照人类自身的要求被建造出来的东西。但现在好像有点变味儿了。在现代化的公寓中，计算机系统控制着一切，人们进入房间后窗帘会自动打开，即使外出不在家，人们也能用手机控制空调的开关。

这样的生活方式，如果自己不能适应并牢记所有工具的使用方法，不能按照使用说明操作的话，会变成怎样一派光景呢？我也不清楚，应该会很糟糕吧。

有一天，某人忘了密码，结果无法控制空调开关；更糟的是密码又被别人知道了，就会出现别有用心的人肆意开关调节家里空调的危险。这样的问题，有谁考虑过吗？

其实除了手机的问题之外，我们还有各种各样的磁卡。现在，人们只需要把磁卡放进口袋站在门前，门就会自动打开，真是方便。但是，如果哪天忘了带磁卡怎么办？去酒吧喝酒的时候不小心弄丢了，怎么办？丢了的磁卡让别人捡走了，又怎么办？更何况，如果这张磁卡同时还有信贷功能，又或者自己的个人资料与信息都包含在里面，情况会怎样呢？这还只是磁卡而已，如果人们有了电子钱包，那损失不就更大了吗？于是，人们就陷入了被迫适应磁卡的使用方式而生存的窘境之中。

如今的家中，微波炉应该很常见了吧？很多微波炉还带有很多功能。但这些功能是不是每一个都被使用过呢？是不是很多人平时只是花几分钟把饭菜加热而已？结果，总是使用的只有那么几个功能，但是，微波炉确实还有很多其他功能啊！

过去，日本还发明过一种"会说话的微波炉"，因为它实在太啰唆了，制造商们不得已只好停止生产这种微波炉。这个道理很简单，因为微波的时间是自己手动设置的，即使它不告诉我设置了三分钟，我也会知道啊！

说话电梯也是一样，根本没必要说"开门"。这种功能真的会有人需要吗？这种电梯大概只有日本才有吧，其他国家的电梯应该不会这么一句一句啰唆个不停。

但是有些情况比较特殊。比如我们坐电车的时候，还是注意力集中一点比较好，因为车内广播是必须听的，不然就会坐过站了。但是一些无关紧要的东西，车内广播也唠叨个没完，让乘客觉得心烦，结果连车内广播也被忽视了。所以，我觉得，车内广播还是越短越好。在新加坡，电车里只会广播所到站的站名。虽然对游客来说可能略显简单了点，但对于新加坡人来说这已经足够了。

就像上述这些情况一样，人们总是在一些不必要的事物上面做徒劳的工作，这就是无知的思维方式。结果只会导致人类被工具控制，变成工具的奴隶。

新干线建成之后，我们的工作已经开始变得要去适应新干线了。飞机正在不断地普及，我们的工作又开始变得要去适应飞机了。我认为，这就是一种"工具第一，人生第二"的愚蠢思路，是一种主次颠倒的想法。

某些发明只会让生活复杂、混乱

有些发明的产生，起初是为了让人类的生活更为便利，但是在使用过程中却使生活变得复杂、忙碌、混乱了。

我问大家一句，随着信息时代的到来，人们的生活是会变得更方便，还是变得更危险了呢？到底是哪个？

个人信息被窃、银行存款被盗、犯罪率攀升、自杀与谋杀频发，还有在网络上毫无顾忌地发表言论，世界混乱不堪……因为电脑问题，日本的银行系统到底发生过多少次故障？给多少人造成了麻烦？有人统计过吗？

还有，电脑病毒的问题也很令人担心。最早发明电脑病毒的程序员目的不是想通过病毒使电脑公司陷入混乱之中，他只是想制造一个程序，将程序自身不断贴到别的程序框架上面去。这种粘贴程序的行为人工重复两三次之后，系统便开始自动重复。但是这种程序后来被人"改进"之后，就成了自动增殖的病毒。

虽然是消除病毒后的程序，但它仍是把各种程序贴到程序框架之上，也是有可能产生各种危险的。所以，"到底要开发到怎样的程度才是必要的"这个问题还没有得到解决。

适应工具的生活不轻松

适应"物"去生活的行为本身就是一种矛盾。我们要认清一个事实，那就是"我们活着"这件事才是重要的。虽然我认为为了生活方便去使用一些附属品，这样的做法本身并没有错，但是现今社会对附属品的使用已经脱离了正常的轨道。

这种情况，也同样发生在女性时尚服饰上面。有的服装设计师为了美观，把衣服的腰围缩小了一厘米，爱漂亮的女人们为了配合衣服的尺寸只好去瘦腰减肥，承受着地狱般巨大的痛苦。

另外，还有些女性不考虑自己脚的实际大小，故意穿小鞋。结果鞋又小，跟又高，女性穿着这样的鞋子走路，不但双脚很痛很辛苦，对骨头也很不好。于是她们跑去看医生，在专家那里听一些诊断意见。医院里都是些姿势矫正治疗的医生，他们计算一下双脚受到的压力，诊断一下腰部出现毛病的地方，并给出了姿势矫正的建议。但即使医生们尽职尽责了，那些女性还是会穿同样的鞋子，还是会产生新的毛病，等于什么也没做。

去适应工具的行为就是一种矛盾，就像适应店里的食物去调节自己的肠胃一样。

我以前有个朋友，买的尽是一些小型汽车。但是，他是一个艺术家，家里有很多体积很大的东西，搬运行李物件的时候需要大型汽车。因此，我那位朋友一搬行李，就会向朋友借大型车。既然这么麻烦，那为什么当初买的都是些小型汽车呢？还有一些人，为了买一辆大型汽车，不得不预先去找一些大停车场。就像这样，我们现代人正在变得为了适应工具而活。这真是矛盾的活法！穿着华服炫耀的人很无知，但比起这些人来，那些成为现代科技文明奴隶的人，不是更无知吗？

化妆品与首饰

在日常生活中，女性的化妆品与首饰等配件也是附属品。

这些东西，不是女性必需的基本生活品。但是从古代开始，这些东西就流传下来了，现在想要完全杜绝应该是不可能的吧！因为从石器时代的遗迹中就发现了用贝壳做成的首饰，如此古老的附属品，现在一下子杜绝，又怎么可能呢？看来，从古人开始，人类就已经在做一些不聪明的事情了。

但是，在美国、新加坡等地方，一般女性是不用化妆品或首饰的。前些日子，我在新加坡进行人类考察时发现，新加坡的女性大多穿着普通的裤子，上身与男性相同，穿着T恤衫。上班的人我也见到一些，但她们完全不打扮。虽说如此，这些女性却一点也不难看。

在新加坡想追求时尚其实很容易，因为人们收入普遍很高，一般的家庭大多又是夫妻共同工作，所以家庭积蓄不少，想购置一些化妆品或者首饰也完全不成问题。但也说不定，新加坡人的钱都花在租赁房屋、雇保姆等超出时尚与首饰之外的事情上了。

我觉得，这就是有意义的活法。同为女性，没有竞争意识，她们的孩子也就穿着统一的校服读书学习，非常简单。也有些来自日本、美国的女孩子，她们的穿着也相当简单。这就是所谓的用朴素的穿着展现自己的美丽吧！这也是有意义的活法啊。

生活中，我们不从本质出发，而只是从外表出发去判断一个人的好坏，这种行为就偏离了正道。

我想问的是，我们是不是已经随着历史的演进，逐渐习惯了化妆品与首饰等装饰物呢？因为我们已经习惯了不看人的本质，只欣赏他们套在身体外面的那个"壳"而已。就因为如此，我们才会遭遇生活中的不幸。

想一想相亲吧。初次见面的时候，男女双方不都套着一个"壳"吗？相亲的男女只是因为对方给自己留下了良好印象而匆匆决定结婚，接下去结局就可能变得很不幸。

注重形象和外表的社会

现在的学校、社会都是如此，入学考试、就职面试只看重一些穿着与容貌等表面的东西。

接下去，我讲一段我还在斯里兰卡时的经历，是关于大学里某个学长的一件轶事。这位学长是个过激的人，所以生活并不如意。他经常犯法，做反社会的事，净在那里制造麻烦。那时候，我在大学里工作，而他好像没有工作。所以我就拜托学校，让他过来帮我做事。

他比我年长，所以经常不把我的话放在心上，整天抱怨连天。即便如此，我还是严格地指导他。

后来，他希望拥有一份稳定的工作，于是去参加各类考试。其中有一回，他参加了一个政府组织的口译考试。第一次失败了，第二次他又去，结果笔试合格了。之后就是参加面试，我为他做了些面试指导。即使到了这个时候，他也是整天满嘴抱怨个不停。但另一方面，我希望他能得到那份工作，安定下来，于是我一边严厉地训斥他，一边指导他。

在距面试还有一个星期的时候，我先教他该如何穿衣搭配。由于我十三岁就出家了，所以对于在家人的衣服搭配方法也不是很清楚。但我还是很认真地从裤子的穿法到皮带的系法手把手地教他。

斯里兰卡天气异常炎热，所以大家都不愿意打领带。但我告诉他，要戴上领带去面试。听了我说的话，他很生气，抱怨道："戴什么领带！"我严肃地回答他说："照我说的去做，你就能合格。若是这样也不能通过面试，那你再回来跟我抱怨也不迟！"

随后，因为担心他那种非常容易发脾气的性格会把面试搞砸，所以我还指导他如何回答面试时可能遇到的各种问题。总之，我就是努力教他要给人留下好印象。虽然他嘴上抱怨个不停，但还是按照我的要求去做了。终于，面试的日子到了。

面试当天，他还在那里继续抱怨："别把我当小丑！"我觉得让他去面试真是一件劳神费力的事情，不过总算让他去面试了。几天以后，我看到了面试结果，他合格了。

到职之后三四天内，他就开始被安排做事。时间流逝，他现在人在英国，还当上了律师。这样，我也算是为他开辟了一条路，让他的人生走上了正道吧！

不看能力看外形的职场

但是这位师兄的例子不能说一定是正确的。世界上还有很多人，比如有些年轻男子，穿衬衫常常不系纽扣，看上去邋里邋遢的。但他们实际上有相当强的能力，是非常值得信赖的人。

所以我说，我们看人的时候，应该看到这个"人"，而不是光看他的衣服；要看一个人的能力、内心、身体，还有性格这些本质的东西，而不是只盯着他的脸看。这就是佛教的思维方式。

在现代社会中，即使是有能力的人，也会遭遇到各种不公正的评价，还出现过职员因为领带打斜等理由被解雇的情况。所以，我们生活的这个社会，就是一个重视表面功夫的社会。

只注重外貌的男人，头脑大多不好使。因为男性非常需要敏捷的头脑与出众的能力，所以他们的穿着往往会不拘小节。一个男人独自生活的时候，经常会出现衣服脱下来到处乱扔，早晨起床又满屋子找衣服的情况。从女性的角度看来，可能会认为他是个笨蛋，头脑不灵光，但事实上恰巧相反，那些人的头脑专注在了别的地方。不论是穿衣还是脱衣，他都在认真思考别的事情。所以，很多不注重外表的男人是能力强、性格好、值得信赖、做事可靠的人。而我们社会上所需要的人，也并不是那些外貌看上去英俊秀美的人。

外貌决定一切的世界

但是，世间的判断是这样子的吗？

不是的，我们的社会经常通过表面的现象去判断一个人的能力，所以比起人本身来，化妆与修饰反而成了非常重要的东西。

比起自身的条件，女性身上的穿戴更能成为她们的优势。有些女性卖力地化妆，佩戴价值不菲的项链，就好像要把自己高价出售一样。脖子上的项链价值连城，本身却没有散发出相应的魅力。请大家注意：只注重修饰外表的人，等于亲手丢弃了自己的尊严。

家庭中，很多女性常常会抱怨："我在家里就被当作用人一样使唤，要做各种各样的家务活！"但是，很重要的一点是，女性并没有告诉男性"我是活生生的一个人"。女性比男性更能体会别人的痛苦，做事更具合理性，也更能人性化地担心别人，为别人着想，但这些优点，她们都没有表现出来！女性在男性面前说的只有"我可爱吗""我戴这对耳环合不合适"等外表的东西。而男性必须暧昧地回答"是哦，很可爱哦"诸如此类的话。因此，是女性自己亲手建造了这个欺骗的世界。

为了隐藏真正的自我，给别人良好的印象，我们没有表现自己的本质而是使用装饰品装点自己。这就是偏离正道。结果只会创造出一个相互欺骗的世界。

矛盾重重的世界，生活压力大

人类为了制造这些无用之物而浪费资源，这就是自然被破坏的原因。

无论科学技术、经济社会如何发展，这都是"欺骗"。只能为尘世的人们增加痛苦、贫困与饥饿。若说原因的话，就是那些经济、技术的发展脱离了正道，其目的只是为了刺激情感，使无知膨胀。所以，世间充满了矛盾。

例如：一方面，人们的知识在增多，社会在进步，但另一方面，人类的无知正在变得更为巨大。

互联网就是很好的例子吧！虽说人类已经进入了信息时代，拥有海量的信息资源，但是与以前读书的时代相比，反而变得更浅薄了。这不是矛盾吗？独立思考也好，自主判断也好，这些都无法做到了。

又例如：一方面，人们的生活变得方便，但另一方面，人类的生活变得更加不便、更加沉闷。

那些为了和平而开发武器，为了维护人权而虐待他人的行为，其实都是相互矛盾的，都是本末倒置的事情。人类沉浸在进步的错觉中，实际上，却一点都没有进步，反而使社会上很多事变得越来越糟糕。

聆听佛陀的教导

佛教也提倡发展与提高

目的是追求不可或缺的东西，希望自身能得到发展，但结果只是增加了许多无用之物。面对着充满矛盾的尘世，佛陀又有怎样的见解呢？

讲到目前为止，大家的印象中，好像觉得佛教一直都在批判人类的所作所为。其实佛教一直提倡的是人的发展与提高，所以不会一味地批评人们无知的努力。事实上，佛教中也只是说要"去发展""去提高"等，对于评价人们自身的发展，说得不多。

所以，佛教只是不认可极端主义的立场。佛教中连"不能穿这种'性感'的衣服"这样的话也不会说。

虽然有些人是在做徒劳的事，但若是那些人的头脑变好了，佛教也就什么都不会说了。佛教的态度很简单："本来是想说些什么的，但是那人学到了东西，那不就好了？"

因此，佛教的思维方式是很温和的。

拥有不可或缺的东西，就认为是幸福的

佛教判断一样东西是否"不可或缺"是有标准的。这就是"中道"[①]。下面，我举出判断"中道"的十个标准。

①是否是生存的必需

人们无论做什么都可以。但是，请大家思考这样一个问题：你所做的事情是否是生存必需的呢？

②是否绝对不能失去

当你失去一样东西的时候，请考虑它是不是无论如何都不能失去的。如果失去了也无妨，那恐怕就是无用之物了。

---

① 中道：超越有无、增减、苦乐、爱憎等二边之极端、邪执，是不偏于任何一方的中正之道。这是佛教的最高真理。小乘佛教中，以"八正道"为"中道"。

③是否让生活更方便

并不是说，你把所有的东西都买下来就是一件好事。买东西的时候记得参照这条标准。不要因为又出了新的就跑去购买。"那件东西会让我的生活更方便吗"这才是重点。

④是否是重视道德的

互联网如今已经成为这个现代社会不可或缺的工具了吧？但是，不能因为这样，我们就一味地认定互联网是最好的东西，因为互联网有时候也会做出破坏道德的事情来。若我们硬是要把互联网安在这个位置上，就有可能在无视道德的路上越走越远。所以，请大家一定要明确"要做重视道德的事，不做无视道德的事"。这才是稳妥的做法。

⑤是否使人格得到提升

学习什么或者开发什么都无所谓，但我们必须思考的是"自己的人格是否因此得到提升了"这个问题。

⑥是否能减少烦恼

我们要记住，会增加心中的烦恼或不快的事情不能做。若是这件事能减少自己的烦恼，那我们做了也无妨。

举个例子，进行艺术创作是一件好事吧，在舞台上进行表演也很好。因为在剧场中，我们看着舞台上的表演，就会产生"我学到与人生有关的知识了""我也要成为那样出色的人"

等不错的想法。所以，优秀的表演和电影不仅能减少烦恼，而且能提高自身素质。

在日本，《阿信》这部电视剧非常有人气。《阿信》为什么会成为如此轰动的电视剧呢？因为剧中的主人公阿信不论经历何种苦难，都不抱怨，毫不气馁，一心一意地生活。这是一个可以让我们内心变得干净的故事。所以，我把《阿信》列入可以收看的电视剧名单之中。

所以大家也该懂得了，强调欲望、性欲、愤怒与憎恶的电视剧是一定不能看的。

⑦是否能带来和平

社会中充斥着各种各样的发展。但是，我们必须阻止那些破坏和平的发展。比方说，很多国家都在努力发展科学技术。这本是一件非常好的事情。但是，为什么要去研制原子弹呢？依靠原子弹的威力把自己列入军事强国的行为是错误的。

⑧是否为众生谋幸福

让一部分人变得幸福的做法也不罕见吧！但这是不对的。我们所做的事情一定要让众生获得幸福，为世界带去和平。这一点请大家一定考虑清楚。

⑨是否能让内心平稳

随着社会的进步与发展，人们有时可能会陷入到混乱的状态之中。发展应当让内心平稳，让人内心混乱的发展是不正确的。

⑩是否能让内心变清明

能助人追求到内心平稳和清明的，才是中道。

不符合这一条标准的，都不是必要的东西。

在佛教的世界中，就是通过以上的标准来判断何为不可或缺的东西，何为徒劳无用的东西的。若能遵循这样的标准生活，我们便能成为出色的人，在人生之路上不犯任何错误。虽然现在说起来很简单，但这里面包含着生活的学问。

这就是"中道"的活法。所谓"中道"，并不是半途而废的意思，而是最正确、最协调的平衡之物。

第四章

珍惜已经拥有的一切

认清什么对自己才是有价值的

价值就是对自己的必要程度

下面，我将介绍佛教对于"价值"的理解。虽说是佛教，但并不是我们所熟知的各宗各派的佛教，而是佛教之根本——释迦牟尼的教诲，所以我所介绍的其实也是佛陀的思考。

请大家首先考虑这样一个问题：我们经常在使用"价值"这个词语，那"价值"究竟是个什么概念呢？

所谓"价值"，其实是指一件东西的必要性的程度。因为答案如此简单，我担心会被人们轻易忽略。

但是，请大家务必把这句话牢牢记住。若非如此，我们的人生中可能会遭遇许多不幸。即使有些东西完全没有价值，也可能会被不负责任的人说成是具有极大的价值。此时，我们若能仔细考虑这件东西对自己的必要性，就能明白：这件东西对我没有用处，即便是无价之宝，但对我来说，甚至连一日元都不值。若没有这种思考问题的态度，我们的生活可能会很困难。

世俗的看法：稀有的物品价值大

那么，所谓有价值的东西到底是些什么呢？

若是从必要性这个角度出发，那空气、水、阳光等都是最必要的，人们离开它们其中任何一个都无法存活。所以，这些东西在我们眼中应该有最高的价值。

但是，奇怪的是，现在的人们常常会觉得这些东西完全没有价值。结果，本来水资源丰富的日本，如今也落到了只能向他国买水的地步。

金、银、珍珠、宝石等，从很久以前就被视为价值连城的宝贝，不是吗？因为从现在发掘的古墓中出土的陪葬物里也有金银等器物，说明古人就很重视金、银的价值。这些金银与珍珠、宝石都被认为具有极高的价值，但阳光却被视作没有价值，这又是为什么呢？

因为金银珠宝很稀有，人们想要却不能轻易得到。我这样说，很好理解吧？物以稀为贵，因为稀有，所以显得有价值。

但这种价值并不是因为人们非常需要它们而产生的。只是因为很多人都想要，但是又无法轻易得到，所以才会显得这些物品有如此大的价值。

一枚二十克拉左右的钻石戒指，售价可能是天文数字。为什么呢？因为有很多人都想要这枚戒指。人们平时戴的钻石戒指，大多是这种一克拉左右的小钻戒，所以大家都不满意，都想要更大的钻石戒指。但是，如此巨大的钻石在地球上极其罕见，人们都想要却得不到的结果是钻石戒指的价格高得离谱。

但是，请大家在自己心里想一想，钻石戒指真的是如此不可或缺的吗？没有了金银，没有了珍珠、宝石，人就会因此而死亡吗？不是这样子的吧！有没有钻石戒指，其实都无所谓，不是吗？戴宝石什么的，根本就不必要。

借此机会，我请大家好好考虑一下这种现象。

人们常常只看重东西的价值，但对它"是否必要"这个问题毫不关心，反而赋予一些不必要的东西以价值。所以，我认为世人的价值观还是很肤浅的。

真正有价值的东西，应该是些"非常必要"的东西。

如果有人从地上捡了一片落叶，问我："这个东西一百日元卖给你，要不要？"我当然不会买，因为没有必要。有谁会掏钱买这种没必要的玩意儿？但若是拿出的东西是我们的必需品，我们就会说"好啊"，然后立刻把它买下来。因为这件东西对自己来说确实值一百日元。但是，人们往往不考虑物品本身的"价值"就已经决定了一件物品的价值。

佛教的看法：无用之物毫无价值

不是说，别人有的东西我就一定要去买。对自己没有必要的东西就没有价值。这就是学问。

对于我来说，无论酒卖得多便宜我都不会去买。机场免税店里的上等酒卖得的确比普通商店便宜得多，但对我来说没有任何价值，因为我从不喝酒，所以我也不会去买。我若是说"大家在机场免税店里买的酒很便宜，所以我也买一点吧"这种话，而自己又不喝酒，不是很像个傻瓜吗？

我们在生活中必须思考：有一样东西，即使对田中可能有一万日元的价值，对铃木有两百日元的价值，但如果对我来说毫无用处，那么这样东西可能对我来说一钱不值。

金、银、珍珠、宝石等这些东西都不是完全不能失去的，但在人们眼中却有着极高的价值。如果从佛教的角度出发思考这个现象，就会觉得这个现象非常奇怪。

海水对于人来说是必要的吧？但却没有价值。海水中的盐是必要的。此外，因为很多种鱼类也离不开海水，所以海水是必要的。但如果有人舀了一些海水出售的话，又有哪个会购买呢？所以海水没有价值。这是从价格上说，海水是没有价值的。相较之下，倒是金、银、珠宝这些物品有着很高的价值。

直接认同没有必要的东西就没有价值吧！我的意思是，根本不用去思考一样东西是否有价值，有多少价值的问题，只需要赋予必要的东西以价值就可以了。同时，大家也可以考虑，所谓"必要性"问题也是因人而异的。

但是，尘世的人们很容易受到世俗价值观的蛊惑。所以产生如今这种状况：无论一件东西是否必要，人们容易得到价值就低，不容易得到价值就高。这样的思维方式还真是非常具有逻辑性。因为如同空气这种东西，虽然有很高的价值，但在尘世的价值很低。

然而，问题产生了。"金、银为什么会有价值？"因为佛陀认为这种现象不符合逻辑，所以也就没有深究。现今社会中，制作过程中需要用到金或是钻石的制品有很多，这种情况下，金与钻石都是有价值的。但是像首饰这种东西有着很高的价值，却又不属于之前的那种情况了。

价值的大小并非一成不变

现在为止，我就判断价值的标准，也就是价值观进行了说明。但事实上，判断价值的标准并非一成不变。

价值到底应该用什么标准来判断呢？

我认为，价值的大小，应该以必要性作为判断的标准。但是，一件东西的必要性通常是变化的。所以价值也会随着必要性程度的变化而变化。

首先，我想说的是，判断价值最重要的标准不是数量多少，而是是否必要。比如说，一个人有很多钱，但没了空气会怎样呢？没了饮用水又会怎样呢？商人为了积累钱财而建造了工厂，虽说赚了很多钱，但把空气污染得一塌糊涂，那结果又会怎样呢？

所以，我们应该赋予必要程度高的东西以较高的价值，而必要程度低甚至不必要的东西赋予较低的价值。

宝石之类的东西，即使没有，人们也不会因此而死亡，所以便宜一些会比较好。金项链之类的东西也是一样的道理。但是现实生活中，二十万日元一条的金项链常常让人们趋之若鸳，为之疯狂。但是如果一条金项链只卖一千日元，我估计就没人会想去买了。

于是，我们看到了这样的现象，为了得到金银钻石这种东西，人们甚至驱使孩子们像奴隶一般辛苦地工作。一颗耀眼的钻石让许多人承受痛苦，让贫困而又想得到它的人们废寝忘食地工作。若是把金银等东西的价格降低，或许就不会出现这样的问题了。如果人们能够认识到"比起金和银，铝的作用反而更大"，那就有可能改变现状。

从理性的角度看待价值

我们多会赋予一些必要性程度不高但极其稀少的东西以很高的价值，例如古董，没有任何必要性，可能学习历史知识的时候会有点帮助，但无论如何也谈不上"必要"二字。但是，我们总是以"物以稀为贵"的理由赋予它极高的价值。

从佛陀的角度来看，这是一种偏离理性的行为。因为所谓必要性的判断其实就是理性的体现。

一个人若是两天都没吃饭，突然看到了一个小饭团，虽然这种东西在便利店里只卖一百日元，非常便宜，对那人来说却有着极高的价值。这种时候，即使让他用很多钱去买他也会照做的吧！因为这一时刻，饭团的必要性程度非常高。

　　人们从理性的角度出发去购物，即使花了很多钱也绝不是头脑不好的表现。重要的是人们买到的商品是否符合"必要"这个标准。

过分追求高价值的社会

价值会随着情况的变化而变化

下面，我来分析一下"价值经常变化"这个问题。

我们所说的"价值"既不是亘古不变的，也不是遵循某种法则变化的。价值既不能由人来管理，也不能人为抑制，而是随着情况的变化非常任性且不谨慎地变化着的。用英语来说，就是"unrestrained values"（无法抑制的价值），也可以说是"偏离理性的价值无法无天"。

世俗的价值由主观决定

这里要考虑的第一个重点就是"情感"。世界上没有一样东西一经出现就立刻具有价值，这中间都是人们的情感起了作用。所以，情感对于一样东西的价值有巨大影响。

"物以稀为贵"的价值观，只是人们被情感驱使，赋予了尘世某样东西过高的价值而已。随后，这样东西的价值便被欲望、虚荣、傲慢等因素确定下来。

但是，一样东西的价值被情感因素决定，不是一件很奇怪的事吗？

商场里，名牌商品总是异常昂贵。即使其本质与其他商家的一模一样，区别仅仅是贴上了意大利或法国的名牌商标，便意味着它被赋予了更高的价值。

为什么这些东西会卖得这么贵呢？还不是因为社会中充斥着虚荣与傲慢嘛！我觉得这些名牌好像在对我说："我的制造商很伟大，你们什么都别说，乖乖照买就是了。"

文具用品中，高价品如万宝龙的钢笔，价格可以高达数万日元。难道是因为一百日元一支的圆珠笔不能用？这种万宝龙钢笔的价格只不过是尘世的评价而已，完全不客观。也许比起一百日元一支的圆珠笔来，万宝龙的钢笔品质可能确实会好一点，但书写的功能不会改变。

尘世中"人的评价"是非客观的评价。我们常说的"这样东西很贵"并不是客观的，而是带着情感的。

另外，社会上有些"高价"的产生是基于权威、偶像以及名人的评价而得来的。我们常常会认为权威或是名人赞赏的东西有很高的价值。

我们经常看到，会有店主宣传自己的饭店"某名作家曾在此用餐"，于是渐渐地这家饭店的口碑也会变好。这到底是怎么回事呢？而且在这家店里，即使料理的价格很高也没人会抱怨；即使味道普通甚至不好吃，大家也会想着"毕竟是名人也来的店"，进而觉得心满意足。

亚洲文化的流行

在过去，亚洲人对于亚洲的文化不是很感兴趣。

但是，自从西方人评价过亚洲文化之后，一夜之间，亚洲人便开始赋予亚洲文化很高的价值。结果，一些在很长一段时间里都无视亚洲文化的人，突然开始高调宣扬亚洲文化，同时开始出版介绍、研究亚洲文化的书籍。

在日本，佛教中的"禅"非常流行。不论是政治家还是偶像明星，一旦遭遇挫折便去禅寺参拜祈福，因为他们觉得这样做是一种时尚。

为什么会出现这样的事情呢？事实上，这也是受了欧美人影响的结果。

不熟悉佛教的欧美人，肯定也不知道究竟什么才是"禅"。但是他们一副自以为很了解的样子，出版与"禅"有关的书籍。事实上，这些与"禅"有关的英文书籍内容一塌糊涂。即便如此，还是会有人因为"禅在美国很有人气"而去禅寺，因而在日本，"禅"也人气渐长。这难道不是很可悲的事情吗？

完全颠倒了，不是吗？应该是日本人自己研究、评价自己的文化，然后向世界宣扬传播，最后得到包括美国在内的世界各国的认可，之后觉得满意。但现在这种现象，不仅日本，在亚洲各国都能看到。

"权威"影响价值的客观性

现今社会的价值观无论从什么角度看，都在向着一个奇怪的方向发展。其原因之一就是权威的存在。

比方说，我们说不出任何理由，但就认定白种人很厉害。到底哪儿厉害了？没有任何根据，只是情感上这么觉得而已。随着时间的推移，价值观便会渐渐崩坏。

过去，文化厅曾有计划地将国宝"阿修罗像"高度复原出来。通过X光摄影、显微镜照相，精确计算每个一毫米的正方形点，最后把所有结果整合起来，制作出了连颜色都高度仿真的仿制品。

仿制品完成之后大家才发现，"阿修罗像"色彩极为艳丽。结果说明了日本的文化也是很重视豪华的，而不是最初开始就制作所谓重视"恬静惆怅、朴素优雅"的简朴艺术品。

只不过原来的"阿修罗像"随着岁月的流逝，蒙上了厚厚的灰尘，表面的金箔也渐渐剥落。之后，西方人看见了这个黑不溜秋的佛像，便评价说："日本人与我们不同，他们的艺术是从质朴中发现美。"不过就是蒙了一层灰嘛！

确实，因为佛像很雄伟，即使金箔剥落了也仍然具有巨大的魅力，但它本来并不是这样黑不溜秋的。若是仔细观察的话，佛像的腋下与衣服内侧还残留着金箔。所以，若是仿真品的形象流传开来，那个制造佛像的时代的全貌不也就清楚了吗？

但是，由于研究者与他人的评价，我们甚至都从佛像中看到了"恬静惆怅、朴素优雅"这一点。但事实上，真正的"恬静惆怅、朴素优雅"与日本古代佛教艺术还是有距离的。

拥有独立的价值判断标准

有时候，人们即使被世间批判，个人的情感还是能感受到很高的价值。尘世的人们可能会取笑说："那个人在干什么？适可而止吧！"但是，他本人却不会因此罢手。这样的例子还有很多，世界上有很多东西都会让人沉迷其中，而起因都是"情感"。

此外，自己偶像的评价也可能会成为判断价值的标准。但是，我想提醒大家，即使世间给予了很高评价的东西，自己也要怀着"真是这样吗"的想法怀疑一下。

再说音乐，有些音乐受到了包括自己偶像在内的很多人的广泛好评。但是，我们自己不能被这些评价影响，应该亲自去听、去判断，再三确认自己是否真的被感动了。

绘画也是如此。在我个人看来，达·芬奇的《最后的晚餐》索然无味。但是，尘世的人们还是赋予了这幅画极高的价值。

《达·芬奇密码》这本书，读完之后我觉得不是很有趣，只有结局比较幽默。但人们非但没有注意到幽默的一面，而且有些组织还严厉批判这部作品。我认为，作者只是怀着娱乐的心态创作了这部作品，没有必要因此批判吧！人们是通过情感发现价值的，其实作者也只是在那里"玩"而已。若是让作者本人知道了这些事情，估计也会笑个不停吧。由此，我们可以感觉到，世间的评价与价值判断正在变得越来越奇怪。

人云亦云的生活让人感到疲惫

让我们思考一下关于他人的评价吧！

一个人的时候往往无法判断价值。从小事物到大概念，这样的例子不胜枚举。

我们想象一下：在很险峻的山峰上生长着濒临灭绝的珍稀植物。虽然我本人不会很关心，也不会想它是否珍稀，但即便不是出于植物学家的角度，我也会有"总之，先去看一下"的念头。

食物也是如此。有些食物据说对人体非常有益，但是只有一个人的话，就完全不明白它有什么价值。

人们就是这样，一个人无法判断事物价值的事例比比皆是。这种时候，我们就会听凭情感附和他人的评价。

接着前面的例子来说，我看到达·芬奇的名作《蒙娜丽莎》，即使自己觉得这幅画没有什么意思，但怎么也说不出口，只好应和着周遭的人，说些"太漂亮了，不愧是名家名作"之类的话。但不久之后，我便会烦恼："我到底为什么会被《蒙娜丽莎》感动呢？"这是因为我们附和了别人乃至整个世界的评价体系，并没有自己判断。所以，我们有时候才会花许多钱买一堆没用的东西。

自身不明白事物的价值才会附和他人的评价

但是，由于只靠自己不足以判断很多东西的价值，所以即使我们附和了他人的评价也不会有任何的抱怨。

我现在想买一台笔记本电脑，从开始计划到现在已经几个月了，也研究了一些型号的款式与性能。

我在研究中发现，有一款与我所挑中的那款笔记本性能大致相同，但价格只有那一款的一半。只是性能上稍有不同，我挑中的那款增设记忆卡，相较而言，另一款就很便宜了。我选中的一台价格超过五十万日元，而后来看到的那一台只要二十五万日元。

我不是很清楚为什么价格会相差这么大，于是便向店里的人打听："这台机器的配置跟那台差不多，为什么价钱相差这么多呢？它们有什么别的区别吗？麻烦你告诉我吧。"

我说完这些话之后，店员就立刻告诉我说："完全不同。"我就继续问："到底是哪里完全不同呢？如果是这样的话，价格贵的那台多出来的性能不都成了些没用的玩意儿了嘛！"结果店员也开始跟我较真了："没有的事！怎么会是没用的玩意儿！"最后，我还是不能接受这个价格的差别，所以直到现在还是没决定究竟该买哪一台笔记本电脑。

在这种情况之下，我自己挑选的结果大概也会附和世间情感的判断吧。但若是仔细对照的话，就会发现其实真的没有什么区别。

各位有没有遇到过这种情况呢？面对自己必须买的东西却无从得知它的价值。这个时候，你们是不是会转身去问别人呢？

女性一般都会这么做吧？但跑去问自己的女伴身上穿戴的

衣服与首饰合适与否是很不明智的举动。女伴满腹忌妒，又怎么会好好跟你说话呢？自己实在不清楚穿戴是否合适的话，去问男伴的意见不是更好吗？相比之下，女性的忌妒心会比男性强烈一些，若是让男性来判断，应该更公正、更清晰才对。

这种例子实在太多了，人们自己不明白事物价值的时候经常会附和别人的评价。

接受理性、智慧、有道德之人的价值评价

从佛教的视角出发，那种自己无法判断价值就附和别人的意见，或是听凭情感驱使来行事的做法一点都不理性。实际上，这是一种偏离理性的行为。别人的评价也不一定可靠，别人的观点也是无知且带有感情色彩的。但因为自己是无知而带感情色彩，对方也是如此，结果只好相互欺骗。

佛陀曾认为"接受有理性、有智慧、有道德的人的评价是正确的"。也就是说，佛陀否定了尘世间大多数人的价值观。

很多情况下，我们仅靠自己无法理解事物的价值，即使别人让我们自己判断也不行。

于是，佛陀有句教诲说："无论在什么场合，无论尘世对

此作何评价，只听取那些有理性、有智慧、有道德之人的。"

所以，我们不要听取尘世所有的价值观，只需听取有知识、智慧、不仰仗情感、值得信赖的人给予的判断就够了。因为他们觉得有价值的东西才是真正的好东西。

聆听佛陀的见解

让我来告诉大家一个佛教经卷中的典故吧！

释迦牟尼曾有两个在家的亲戚。这二人对于佛陀的教诲有着截然不同的见解。每每讨论到"情感"的问题时，两人各持己见，都主张自己的想法才是对的，针锋相对、互不相让。

于是，他们最终选择请教佛陀。其中一人问道："关于情感的问题，我们互相讨论，他是那样想的，而我是这样想的。我们两个无法协调，所以向释迦牟尼请教来了。"

这个人虽然已经领悟，但还是继续说道："我只认同释迦牟尼的回答。即使世界上所有的生命和所有的神灵意见都相同，只要佛陀的意见不同，我也会毫不犹豫地跟随佛陀。"

"所有的生命"对"一人的佛陀"！佛陀并没有立刻回答这个问题，只是回头问另一个人说："你怎么看？"另一个人回答："我无话可说。"举手投降了。这个故事到此结束。

大家可能会问，为什么故事到这里就结束了呢？这是因为提问的人对于"情感"的理解已经正确了。若是释迦牟尼给了明确的结论说谁对谁错，那么这亲戚二人大概都会觉得很尴尬吧？就这样，释迦牟尼没有把这个问题当成一个问题来回答，而是转而把问题提给了另一个人，以这样反问的方式漂亮地给出了回答。这样的话，即使是与那个人意见相左的另一个人也只得认可对方的意见。

不过这个故事中重要的部分是，这个人已经通过修行开启了自己的智慧，领悟到"佛陀即真理""佛祖即智慧之人"的道理。因为只有真正领悟的人，才会不管世界上的人怎么说都跟随佛陀的意见。请记住这些话吧！要听取有智慧的贤者之言，听取大众意见的行为不是佛教的做法。

少数无需服从多数

在佛陀的教诲中，我们找不到"听取大众的意见"这一条。尤其在出家人（比丘、比丘尼）之中，民主是严格贯穿其中的。即使众人出现了异议，也绝不是按照"少数服从多数"

的原则来判断谁的意见正确，而是按照"谁的意见最符合释迦牟尼的教诲"的标准来判断。

所以，在佛教中，很多年轻的僧侣也会有机会阐述自己的意见。他们严格按照佛陀的教诲，提出自己的主张："长老您是这么说的，但经典上是这样写的，难道我说得不对吗？"这样一来，即使身为长老也必须听取他的意见。

所以，在佛教中，要众人听取的不是大众的意见，而是正确的意见。

听取大众的意见就好吗？

我们的世界也是遵循民主的原则在前进的。

但是，我们细细回想一下，即使大家都遵照民主的原则进行选举投票，普通民众是不是能够选出真正"正确"的政府呢？会不会都支持风流倜傥、年轻英俊、擅长言辞、深谙幽默的那一方呢？这不是幻想，这是现实。若是有人气偶像来参加竞选，不也会有许多人立刻上前支持吗？所以，我认为大众的民主有时候并不可靠。

选举之前应该要认真考量，深入调查候选人的实际能力与从政经验，然后再决定哪个候选人更加值得信赖。这样才对，不是吗？但是，很少有人可以做到这些，大多数人还是仅仅因为"那人脸蛋长得好"之类的理由就决定了。

这种现象，在那些贯彻民主的国家中比比皆是，美国也是如此。印度也是提倡民主的大国，但国内尽是一些解决不了的事情。

若干年前，在印度的泰米尔纳德邦，一位名叫贾娅拉莉塔的女性在竞选中轻松胜出，成为该地区的首席部长。但我认为这个人不适合担任首席部长这个职位。虽然如此，为什么她会被推选为首席部长呢？究其原因，是因为她是个女演员，出演过一些非常有人气的电影。电影以神话为题材，讲述诸神的故事。在一部电影中，她扮演了一个女神，身着华服，运用高科技从天而降。故事非常简单，但印度人看了之后大为感动，之后由于她扮演了那个角色，于是印度人把她选为了首席部长。

所以很早的时候释迦牟尼就考虑过："听取大众意见的民主对于国家而言真的是一件好事情吗？"但这个问题在尘世中没有任何意义，所以释迦牟尼在他所说的世界里实现真正的民主，也就是所谓的"即使意见相左，听取的也不是大众的意见，而是真正正确的意见"。

不以贪欲、嗔怒的个人情绪左右价值判断

我们通过情感去鉴定各种各样的东西，并赋予它们价值，但常常不清楚事物的真正价值。因为我们被情感操控，成为情感的奴隶，终日生活在烦恼与痛苦的深渊之中。

于是佛陀为我们介绍两种鉴定价值观是否受感情左右的方法。我们在赋予事物价值的时候往往通过情感去鉴定。但这个鉴定的标准是贪欲与嗔怒。下面，我们分别来仔细分析一下这两种鉴定方法吧！

①鉴定基于无知与欲望而生的价值观

人们基于无知与贪欲作出的判断，会赋予一些稀有的东西以很高的价值，并且希望得到它。更有甚者，不惜破坏自然、污染环境，动用人类生存必需的东西去获取。就是因为这种东西数量少，这种想法难道不奇怪吗？

当别人告诉我说："这东西只有十个哦。"我就会升起因为稀有而想得到的欲念。这种做法大家在电视购物节目中没少接触吧？曾有一档节目出售芝宝（Zippo）打火机。这款打火机造型独特，全球只有1000个，并按1到1000的顺序打上了号码的钢

印，号称"每一个都是全球独一无二的"。

还真把人当傻瓜了！不过就是用机器打了个号码钢印而已嘛！再说，自己买的东西本来就是独一无二的，理所当然。不用帮我打上号码钢印，我弄点刮痕在自己的东西上面，不也成了全球独一无二的印记了吗？但就是会有人为了这种东西疯狂，到处借钱，陷入贷款的深渊。显而易见，这就是无知与贪欲在作祟。

另外，也有人通过持有"独一无二"的打火机来彰显自己的社会地位，满足自己的虚荣心。要做被社会认可、尊重的人，应该努力做出成绩，不是吗？怎么可以通过这种挎名包、戴名表、佩名手镯的方式来获得社会的认可，做"出色的人"呢？

更严重的是，尘世中还真有人通过一个人身上穿戴的价值判断一个人的社会地位。若果真如此，家里来客人之前，是不是大家要先借一辆保时捷停在家门口？那可得小心，别让人家看出来是借的哦！仅凭这一点，人们就能得到很高的社会评价了。但是，像这样子通过物品所谓的价值来判断人的地位的高低是文明社会的做法吗？错！这是野蛮社会的做法。

此外，若人们真的拥有这种高价的东西，便会时常担心，唯恐"宝贝"丢失或者被盗。拥有世间至高至贵的"宝贝"，就意味着忍受强烈的恐怖感的侵袭。为此，恐怕人们还需要配备保安等一系列安保措施。等到家中布满了安保系统之后，人们只能在房间里面过封闭的生活了。

同时，由于害怕损坏"宝贝"而受到相应的惩罚，他人也会有恐惧的感觉。周围的人会担心，"要是把这个弄坏了怎么办？要赔很多钱吧"，因此生出强烈的恐惧感。

人并不是生来就想犯罪的。但是，人会在成长的过程中慢慢学会社会的价值观，渐渐懂得那样东西有很高的价值。在了解了这些事情之后，有的人内心就会被玷污，干出犯罪的勾当来。因为了解东西的价值，没钱的时候，有人就会想到去偷、去抢。

假设一下，一个闯空门的小偷偷到了一颗宝石。但那宝石，小偷能留着自己用吗？不能吧！因为他也知道世间万物价值的高低，所以才会偷了宝石，为的是换钱。所以说，小偷是尘世间价值观混乱的产物。

社会赋予事物以价值，所以才产生了罪与恶。这一点在长部经典中也有提到。

但是问题到这儿还没有终止。

不计后果的工业生产、后继乏力的世界经济、永不停息的战争梦魇、人情淡薄的居住环境、异常强烈的竞争意识、极不和谐的精神状态……现代社会产生的各种问题，罪魁祸首都是由于人们按照情感赋予了事物以价值。

②鉴定基于无知与愤怒而生的价值观

人人都有一种名为"喜欢"的欲望。于是，人们不仅会肯定符合自己"喜欢"标准的东西，还会轻视那些位于"喜欢"标准对立面的东西。这种轻视就是"愤怒"。比方说，信徒有了自己喜欢的信仰、宗教之后，就会对其他宗教怀有憎恶的情感，用蔑视的态度去鉴定。这在现代社会中极为常见。明明别的宗教没有做错什么，还是会被认作"邪教"。

人类因为欲望与无知，就认定自己的民族最优秀，别的民族都是下贱且敌对的。于是，即使是同一国家同一民族的同胞也会产生对立的情感，互不相容。

我希望大家记住，基于无知与愤怒产生的判断既不符合伦理，也不是理性的东西，只会引起大量问题。社会上的各种歧视就是这样产生的。不论哪个社会都有很严重的歧视情形。

人们产生了不安、烦恼、痛苦等情绪，各种不安定的因素也随之而来，到处树敌、大肆破坏、批评指责、侮辱虐待的事情时常发生，严重者甚至攻击他人、发动恐怖袭击、引起暴动和战争……因为歧视而产生的问题频发且愈演愈烈。在这样的社会里，普通人又怎能安稳地生活？

关于愤怒与无知产生的判断就是这样，不从理性出发评价事物，就会让世界变得如此可怕。

充满执念的价值观让人活得不轻松

世俗的价值判断等于执念

人类的生存离不开价值观。但是，价值观有时也会对人类的幸福进行攻击，也就是一些"必要的恶行"，消极运作的价值观有时会产生可怕的后果。明确地说，我的结论就是价值即执念。若发现了某种事物的价值，即意味着对那样事物产生了执念。

如同人们平日里会说的，"那颗宝石太棒了"的情感就是执念，而类似"那个人真讨厌"这类情感，表面上看似与执念无关，但这是一种缘于愤怒的情感，把对手看作敌人，还是一种执念。因为自己内心还存留着对于那个人的情感，愤怒之情丝毫未减，所以，这也是一种执念。"价值即执念"这一点，我希望大家都能够记住。

贪欲、愤怒、忌妒、傲慢、自私等烦恼，也是一种自己对自己、对他人乃至对众生的价值观。我们有许多烦恼，愤怒、欲望、忌妒、傲慢比比皆是，但这些烦恼同时也是我们的一种对自己、对他人乃至对众生的价值观的体现。所以，价值即执念，价值即烦恼。从佛教的角度来看，是一个很大的问题。

人生就是痛苦的

"生存即痛苦。"对于生存在尘世之中这件事，佛陀如是说。生命只能存在于各种价值观之中。所谓价值观，其实也可说是执念，而执念是产生痛苦与不满的根源。

为了大家更好地理解，我讲一个动物的例子。

啃食尸体的秃鹫，大家都知道吧。对于秃鹫来说，尸体本身有很高的价值，所以，它们对尸体会产生强烈的执念。若遇上来抢食自己食物的其他秃鹫，强壮的秃鹫就会发动攻击将它们赶走。但是，无论是那只赶走同类的秃鹫还是那只被同类赶走的秃鹫，都很痛苦。对于人类来说没有任何价值又肮脏的东西，对于它们来说却有着很高的价值。而人类自己呢？赋予各种东西以价值，为之竞争，为之争斗，继而饱受痛苦。若是秃鹫看到了，会觉得人类的行为也只不过就是为了争夺一堆无用之物吧！在秃鹫的眼中，人类的争斗也不过是一场笑话而已。

烦恼追随人终生

但是，若断言"一切的价值观都是烦恼"，却又有一点过了。从古至今，我们一直认定"价值观即烦恼"，这点一定要改正过来。因为人类的生存离不开价值观。

现在，老和尚来简要概括一下释迦牟尼的话，就是这样的：除了区分善与恶的价值观与区分知与无知的价值观之外，其他的都是"烦恼"。烦恼是痛苦与不安的根源，甚至影响我们的轮回转世，前世今生。

越有毒，越有价值

我们往往通过事物的价值来判断"烦恼"这剂毒药的浓度。当我看到一个人开始判断一条领带的价格是否昂贵的时候，我便已经知道，那个人被注入了名为欲望与烦恼的剧毒。

还有一种现象也挺有趣。烦恼是剧毒，通常的理解是毒越少越好吧？因为毒多了，便会产生可怕的后果。碰上吃的东西有毒这种事情，你会觉得难受吗？

但是，尘世中，大众的判断标准是相反的。越是能满足人的欲望、情感与刺激的东西，价值就越大。也就是说，越有毒的东西，价值越大。难道不是这样吗？尘世之中，人们对那些剧毒事物的评价通常都很高，这些事物也普遍受人欢迎。

我们把欲望与愤怒等烦恼作为判断的标准，是因为不了解烦恼也是一剂毒药。所以人们才会做出想要这个、讨厌那个诸如此类的判断。这种判断，都是倒行逆施。

出离世间价值观

想象一颗世界上独一无二的钻石吧！这颗钻石在尘世中的价值一定很高。如果我们拥有这颗钻石呢？会想到的是危险且没有任何办法摆脱吧！这就是剧毒。毒性越强，价值越高。

音乐也是这样。有刺激且能吸引人的音乐，被制成音像制品摆上货架的话价格就会很贵，没有人会愿意便宜出售。但若是那些平淡不吸引人的音乐，在网上稍微花点钱就能下载到。

欲望与愤怒的情感越弱，其价值就越低。

再来看一看首饰。赝品通常卖得很便宜吧！虽说是赝品，有些设计还是很不错的。但是，尽是些便宜货，最贵也不过数千日元。穿戴这样的东西，没人会感觉兴奋吧！现在许多年轻女子常常佩戴廉价饰品，而这些饰品的珠子经常很随意地掉落在大街上。如果这些东西都是真品的话，我想就不会那么轻易丢失吧！所以，欲望这剂毒药越浓，价值也越高，而毒性越淡，价值也就越低。

尘世的普遍判断标准是，危险度低的东西价值就低，而那些会让精神崩坏、刺激强烈的东西却广受好评。

毒品与非法药物屡禁不止，不用打广告也能卖得出去。但这些东西非常危险，能破坏人的精神状态，使人坠入"恶"的深渊。但正是因为这样，这些东西在世人眼中显得特别有价值。反倒是那些对人们没什么坏处的东西，大家会奇怪"那玩意儿算个什么"，继而乏人问津。

说到人，尘世的价值观之中，有理性的人常受忽视，不被别人当回事儿。但是，从佛教的角度来看，这些行为都是错误的。我认为，我们需要做到无视尘世的价值观。以佛教的价值观来评价，有理性的人才是真正优秀的，因为他们不受尘世价值观的影响，做到了无视世间评价。

所谓"正确的价值观"并不存在

大家都听过"正确的价值观"这一概念吧！但大家看了前面的文章就会知道，烦恼就是价值观。如此一来，这种所谓"正确的价值观"的说法不就变得奇怪了吗？

所谓正确的价值观，事实上是不存在的。因为烦恼就是价值观，赋予事物价值的行为都只是人们的执念在作怪而已。简单来讲，世界上本就不存在价值这种东西。

万事万物与生命都是无常的。赋予事物价值并对其怀有的执念本就毫无意义。万物无常，故而常变化，生命无常，故而无常态。所以即使赋予事物某些价值，到头来也没有任何意义。

即使是年轻而优秀的美女，也会随着时间的流逝老去。所以，我们不能赋予任何事物以价值。

人们觉得小鳄鱼很可爱，所以即使价格昂贵，也有很多人争相购买，拿回家饲养。但是，当小鳄鱼长大之后，就会变得凶狠，人们只能将它放生。于是，这些鳄鱼又变得毫无价值了。

人们赋予了一些事物以价值之后，就会对其产生执念。但是，世间万物不停变化，所谓执念其实毫无意义。故而，在佛陀的眼中，一切都是徒劳。但是，我们仍需要以理性为基础，去考察事物的价值。

错误的行为导致痛苦的产生

虽然佛陀认为不存在正确的价值观，对于行为与举动，却有别的见解。人们在某条道路上前进，所作的行为和举动是导致幸福或不幸的根源。因此，调整自己的行为与举动并有意识地去加以控制、改变它的做法都很有意义。

所以，我告诫大家，不要去买昂贵的项链，而要恪守自己的活法，即控制自己的头脑与身体。若是发现自己正在朝着不幸的方向前进，把控制杆转回幸福的方向就好了。

以幸福为目标，超越一切痛苦

为什么我们必须控制好自己？为什么各遂己愿的活法是错误的？因为"人们应该以幸福为目标"是一个前提。这一点很重要，请大家一定要记在心里。

为什么有这个前提呢？因为我们无法教会那些觉得下地狱、无家可归、被逮捕甚至处以极刑都无所谓的人什么是道德，但若有了"人应该以幸福为目标"这个前提的话，我们就必须控制自己的行为了。

这里又产生了一个很模糊的概念。"以幸福为目标"可以说是一种价值，也可以说是一种价值观。大家都尽可能地怀着这样的价值观去生活，不是很好吗？让我们都以"幸福"为目标吧！因为除此以外，我们别无选择。

但是，"以幸福为目标"这句话确实非常笼统和暧昧。幸福是什么？幸福到什么程度才算好呢？由于概念过于不具体，所以佛陀便根据每个人的具体经验，总结出了下面这句话：

超于一切痛苦。

非常具体，简单易懂吧？

人类必须把"超于一切痛苦"作为自己的目标，并为了实现它而努力生存下去。

这是唯一存在于佛教中的价值。一般而言，佛教坚持无价值论，只有行为与举动才有价值，而佛教所说的价值也只存在于行为与举动之中。

远离"错误的价值观"

个人并不具备判断价值的能力

作为一个人，应该怎样生活？我们一起讨论一下一个人的活法吧！本来，个人并不具备判断价值的能力，一直都是被逼着在价值判断中生活的。明明一个人没有判断价值的能力，却不断地被社会、父母、上司要求先把价值判断清楚了再行动。

但是，这样的事情真的可以做到吗？人类本来对价值完全无知，只是附和着别人的评价而已，自身并没有判断价值的能力。人生下来的时候，只有关于如何维持自己生命的念头。

比方说，孩子整天只想着吃饭。所以大人要是想吓唬孩子的话，只要说"今天没晚饭吃"就可以了。这样一来，孩子就会非常担心。孩子搞恶作剧不听父母教育的时候，如果母亲说"你不听话，妈妈又忙，晚饭没法儿做了"之类的话非常管用，比大声训斥更能让孩子变得老实。这个道理非常简单，因为每个人生下来的时候都只有那么一点价值观而已。但事实上，确实只需要那么一点价值观便足够了。

个人的价值观是不断被灌输的结果

随着时间的推移，孩子的内心与脑海之中，会被灌输对于这个世界的价值观。首先是孩子的母亲，她会向自己的孩子不明缘由地灌输很多价值观。渐渐地，这些价值观就成了孩子们自己的价值观。这样，不就成了一个个"虽说是自己，但又不是自己"的人生吗？虽然他们有价值观，但都是些被灌输进去的东西。这种精神上的问题，可能每个人都有吧！

如此下去，每个人的价值观都会逐渐产生区别。不可能所有的生命都被灌输相同的价值观吧！所以，价值观是因人而异的。

于是，人的一生就会在把自身的价值观强加于他人，同时又接受他人的价值观中度过了。这样的事情会持续到人生终结的时候。虽说人们有着自己的价值观，但同时也会不断接受他人的价值观，所以一个人的价值观并非一成不变，而是时刻改变的。比方说，二十岁的时候喜欢的音乐与料理类型，到了六十岁的时候还会喜欢吗？所以，人们的价值观会经常发生改变。

因为人的价值观并非是一成不变的，所以人的生活也会变得不安定。为什么很多人至死都会不安呢？就是因为没有一个固定的价值观。我们佛教徒还在孩提时代的时候，就被教育要"行善事"和"不行恶事"。这就是非常重要的价值观。这两点在释迦牟尼所传授的教诲之中也被提及过：

> 不行诸恶，行诸善。

若大家能把这条教诲作为价值观铭记于心，内心便会变得非常坚定和安宁，也不会再有任何不安。即使身处复杂的尘世，我们也能微笑着，说"人有贫有富"，然后从容地生活。

感官刺激是事物的第一个价值

五官所感受到的刺激便是人们给予被认识事物的第一个价值。也就是说，人类会很轻易地紧握给自己带来快乐或刺激的东西不放。

比方说，在日本，人们要想让十万人齐聚一堂相当困难吧？但若是人气歌手的演唱会，那又会怎样呢？别说是十万人了，可能还可以聚集到更多的人。人们或许会在一年之前就预订好了门票，被它"套牢"。但演唱会当天，现场人山人海，距离舞台又远，歌手扭着屁股跳舞的样子很多人都看不清楚。所以，现场会搬来大屏幕实况转播。这样的话，不就跟在家看电视转播是一回事儿嘛！

即便如此，也还是有许多人到场，大家都愿意去，因为能产生"刺激"。所以，"刺激"就成了第一个价值。

原本，我们应该纳入价值范围考量的只有"生活"与"避死"，但当我们受到刺激的时候，便会把这两点给通通忘掉。

过分追求刺激的生活

几年前，韩国的游乐园"乐天世界"曾对外免费开放。当时现场很快聚集了十多万人。人群大量集聚，结果造成了游客接连受伤。听到这件事，我觉得非常震惊。那个游乐园平日里门票也并不昂贵，只是因为那几天免费开放，于是大家就全家出动，这到底是为了什么呢？如果这些大人真关心自己的孩子，不是应该在人少的时候再带他们去吗？这些人到底是一种怎样的无知啊！即使是动物也不会这样做啊。

究其原因，只有"刺激"而已。但是，比起刺激，难道不是"生活"与"避死"这两件事情更为重要吗？若是大家都能明白的话，真正关心自己孩子的父母也不会把孩子带到那种地方去。

现代社会，每个人多多少少都会有一点刺激依赖症，依赖刺激而不去探寻生活的意义与价值。大家都是单纯的刺激依赖症患者。当没有刺激，或是由于某些原因头脑感受不到刺激的时候，大家就会觉得有很大的问题。

有时，孩子与年轻人也会因为不明白"自己到底为什么而活"而陷入深思之中。这个问题，对于那些精力过剩的孩子很有思考的价值。所以，当孩子问我这些问题的时候，我会很认真地回答他们，但若是一些有精神疾病的人，我往往不予理睬。

价值观会发生改变

我们的价值观常常会"搬家"。

普通的孩子只关心自己的生命与身体。这确实是非常重要的价值观，若不重视这两个价值观，人就会死亡。小孩子总是整天缠着自己的母亲吧！这是因为若是离开了自己的父母，他们不能独立生活。这是非常自然的价值观。

但是，随着小孩子不断地成长，他们的价值观也开始从"生活"转向"物欲"，开始通过对事物的执念追求获得意识上的喜悦。随着年龄增长，每个人都会开始产生"想要这个，想要那个"的欲望，觉得拥有昂贵的、有名的或是稀有的东西，便是一种幸福。换句话说，他们想要得到心情与意识上的快乐。

按照这样发展下去，随之而来的还会有精神上的痛苦。许多人为了省钱买喜欢的衣服而不吃饭；不少人为了减肥而导致营养失调。不就是为了能穿下小号的衣服吗，不知道这样做对身体很不好？

错误的价值观①：物比人贵

赋予自己生命以价值的人，若赋予事物以价值，那接下来就可能发生"物比人贵"的事情。在依赖于物，为物附上最大价值的生活中，物的价值最终可能会变得比人类自身的价值还要大。

守护家宅，守护招牌，守护先人代代相传的店，人们把自身的价值看得很小，而把家宅与店铺的地位看得比自身价值还要大。那些人甚至会出现一种想法，认为"比起你我还是更要去守护家宅"，难道这种想法不可笑吗？这是一种忽视人的价值，而把物的价值放在优先位置上的情况。

做出拼上性命也要守住"物"这种行为的人们，只是落入了主次颠倒的价值观的陷阱里而已。但是，若是父母拼上性命也要保护自己的孩子，这种行为便是有意义的。因为守护的同样也是生命。现代人生活在无数工具的包围之中。本该是为了让生活更加便利而制造出来的工具，现在反而开始支配起我们的生活了。

我们开始去适应工具或机器指定的生活。服装、首饰、高楼、机器等这些东西都在命令着我们该这样去生活。其中，服装与鞋子则是在命令我们"你该以这种风格生活"。

所以我们才开始穿有害健康的小鞋，不是吗？这样一来，我们的腰部、骨骼乃至内脏都会出现异常。但是即便如此，我们还是想穿当下流行的名牌鞋子。不论男女，我们都被工具支配着生活。有如此价值观的人类世界实在是太可悲了。

错误的价值观②：充满执念

接下去，我们来探讨一下人们看待生物的价值观。

我们对其他人以及其他生物都有对应的价值观。这是一件非常可怕的事情，完全谈不上慈爱。

这种价值观与慈爱是大相径庭的。

人类对生命的慈爱与担心的心情，会给众生带去幸福，能控制没有束缚、自由的活法。

但是，若是赋予众生价值，那就完全是两码事了。

有些人嘴上说着"我家的狗很可爱"，却在外面虐待野狗；有些人自己饲养的猫死了会很伤心，却在外面对野猫投毒。这样的行为难道不可怕吗？

对人也是如此。有的母亲很疼爱自己的孩子，却能狠心杀死别人的孩子。

这就不是对生命慈爱，而是对生命有执念；不是对自己孩子慈爱，而是对自己孩子有执念。对于家庭、宠物、人类的执念，与慈爱是两码事。对生命怀有执念是件很可怕的事情，只会为自己招揽烦恼与痛苦，同时剥夺自己的自由。

人们若对家庭有爱心，就能收获幸福，但若对家庭有执念，便会背上痛苦。关心家庭的人能不为任何事情所牵绊，快乐地生活；对家庭有执念的人，增添的只有烦恼。

贪恋、执念是"毒药"

佛陀眼中，众生皆平等。因为每个生命都有自己的价值，所以不能一个个再赋予他们以价值。从这一刻开始，我们必须明白，一切皆无价值。

不论是狗还是蚯蚓，作为生命就是平等的。"不就是条狗吗""不就是条蚯蚓吗"之类的话是绝对不能说的。所有这些都是生命，都是活物。若能这样理解，我们就能抹去价值的概念，活得非常轻松。

但是人类甚至给生命都赋予了不同的价值。这是一种名叫"贪恋"的毒药。一种生命带的毒性越强，被赋予的价值也就越高。

贪恋是剧毒。比方说，我们对自己的孩子最为贪恋，毒性也最强。我们都很关心自己孩子的性命，但因为对邻居家的孩子没有贪恋，便会认为他没有价值，而以自己的孩子为傲。这不是母爱应有的形象，这只是充满执念的心。

另外，有些人很喜欢自己家养的狗，却觉得邻居养的狗又凶又吵，很讨厌。这样基于人类的愤怒而被判断了价值的生物，都成了必须被消灭的敌人与害虫。

执念带来痛苦

人类因为执念而拥有了家庭与宠物，不是吗？这样的话，结果可能反而被自己的家庭与宠物所拥有。有一件事情令我很头疼。我去斯里兰卡寺庙的时候，总会跟那里的猫与狗发生冲突。我感觉那里的猫狗认为是它们在"饲养"我，架子非常大。

寺庙里只有一张很窄的床供我睡觉。那几天，猫和狗都跑来要占最舒服的地方。按理说，这本该是我睡的位置，不过，不管我跟它们怎么说，它们都不会听。那一猫一狗经常在我快到寺门的时候就冲过来打招呼。我虽然很担心这两个家伙，但对它们没有执念，所以有时候也会跟它们"吵吵架"。

但是，一般人就惨了。起初，他们确实是拥有了自己所爱的人或是宠物。但随后就会为这份拥有而过上奴隶般的生活。若是对饲养的宠物或自己的孩子有过分的执念，结果自己反而成了被饲养的一方。若是真到了这种境地，就意味着人们开始了佛陀眼中既徒劳又无意义的生活。所以，我们应该清楚贪恋与执念并不是什么好事，应该做到一视同仁，去关心其他生命，养成一份慈爱的情怀。

我们千万不能以"为了他人"为借口而去做会造恶业或是玷污内心、破坏和平的事，这样做的后果是只有自己一个人下地狱。

依赖别人的活法会导致痛苦

关于个人的活法，佛祖说："不喜欢生老病死的人们，常常会以避免生老病死为目的，探求一些致人生老病死的东西。"

这是我们常常在做的事情啊！

"生老病死"四个字概括了人们在尘世所有的痛苦。于是，为了避免痛苦，为了追求快乐的生活，我们常常会去做一些饲养宠物之类的事情。

但是，饲养宠物也会变成痛苦的原因。

为什么呢？

"即使我们追求幸福，结果也是依赖别的人或物，并为之奴役。这就是不幸的活法。"佛陀是这样说的。

人不幸的原因并非由于"生老病死"本身，而是由于人们成为他人或物的奴隶。觉得一个人生活很寂寞，于是选择结婚建立家庭，结果只是在寂寞之上增加痛苦。这样子做，根本解决不了寂寞的问题。

佛陀曾说："为了父母、家人、亲戚、朋友、政府，抑或是为了自身喜悦的理由而犯下的罪过，结局只是恶果。"

人们依赖于他人与物，并赋予它以价值，比如为了家庭而做些什么，都不会有什么好的结果。

佛教之中，担心家庭而去照顾家庭，有慈爱、担心，但绝对不能有执念的思考是很重要的。

对于宠物，我们也要有慈爱，但绝不能有"没了宠物便活不下去"的执念。若我们能将它们视作平等的生命，我们也就能够理解慈爱是什么。

佛陀说："依赖人或物，人便会忘却道德，也会忘记通往幸福之道。"我们若是依赖于物，便会忘记一切重要的事。为了得到某样东西而不惜借钱甚至偷窃，这样一来，便连道德也忘记了。

关于价值的六个观点

关于价值与价值观，我们已经讨论了很多。最后，我想借用释迦牟尼关于价值的教诲来做一个综述：

①"物"没有价值。价值观即烦恼，即执念。

②"物"归根结底只是支持生命的工具，而不是生命的支配者。

③包括家人在内，一切生命皆平等。没有任何东西是有特别价值的。

④对于生命有慈爱和关怀是正确的，但对于生命产生执念就是错误的。

⑤贪恋让自己被奴役。

⑥具备"是否必要"的思考方式很重要。

不论是追求"物"，还是照顾自己的家人和孩子，又或是对待自己的工作或朋友，都一定要注意：对"物"时，要思考"这对我来说是否必要"；对"人"时，要思考"这样的人是否值得我如此对待"。

比方说，我们在使用工具的时候要问自己："必要吗？"而我们在给别人东西的时候，就要问自己："对于这个人，这样东西必要吗？"

所以，遛狗的时候，我们要想"对于狗来说，散步是必要的，所以我要让它散散步"，而不是"今天和我那可爱的狗好好玩一天"。

第五章

享受充实、简单的幸福生活

追求刺激的生活无法带来幸福感

身体的刺激真的是幸福吗？

我们应如何实践，才能获得既有意义又幸福快乐的生活呢？

首先，我想问大家一个问题，到底是谁感知到了幸福呢？

若是问"谁"的话，那答案一定是"我"了。

那么，怎样的生活才算得上幸福呢？

我的答案是，人们身体感受到的刺激便是幸福。

对于这一点，应该会有人持反对意见吧！但是，人们能感受到幸福与快乐的时候，的确就是身体感受到刺激的时候。耳朵听的、眼睛看的、鼻子闻的、嘴巴尝的，有人认为拥有这些就是幸福了。

还有人说，想买豪华轿车，买了之后便会觉得幸福。这又是怎么一回事呢？

　　其实，这是人们给予身体刺激之后的结果，人们所能感受到的幸福。这些人嘴上说着"造型令我中意的汽车""名牌车"等，头脑中便会充斥着因为自满而产生的幸福感。人们坐上了车之后，还会产生"坐着真舒服""引擎的声音真好听"，或是"确实是高价的车"等妄想的情感。不用别人跟自己说，一个人就这么想，也会觉得这就是幸福。

视觉上的满足真的是幸福吗？

　　有人觉得有宽敞的居所便是一种幸福，但事实上，这只是人们视觉上的满足感而已。作为安放自己身体的场所，家无论大小，其实都一样。不论拥有多少卧房多少床，自己睡觉的时候还是只需要一间卧室一张床，更多的卧房与床没有意义。

　　在我住过的国家里，曾经有一个人拥有一处巨大的豪宅，有上百间房间。但是，从佛教的角度看来，这种幸福非常无所谓。结果，那人就把家宅捐了出去，改建为医院。房间成百上千，真正住的人却没有几个，那到底是谁来住呢？有人住吗？维护这幢房子的设施也需要花费很多钱，不是吗？

即使我们有一座城堡一样的家宅，幸福也只是我们的眼睛看到的而已。不同于味觉上的享受，房子的幸福感来自于只是看着宽敞的家和高档的家具就觉得快乐。但这只是视觉上的刺激而已。也就是说，最终还是通过感受身体的刺激来获得幸福。

关于"通过感受身体刺激来感知幸福"这一点，没有人愿意去仔细分析。因为如果分析了，就会明白真相，便会生气。但是，从医学角度，或者客观分析的话，我们便会明白，这只是五官所感受到的刺激而已，无法回避。

通过妄想获得满足

此外，人类还会有各种其他妄想。

即使在日本，也时常有人认为自己是神，自信满满、威风凛凛地生活着。他们是创造了整个宇宙的神，应该无所不能吧？可事实上，他们连一块豆腐也创造不出来。说能写书，但写出来的尽是一些小孩也能写的玩意儿。即便如此，他们依然坚信自己是神，通过妄想来感受所谓的幸福。

若是妄想就能如此幸福，那么让他们妄想自己"拥有高级轿车"就行了，不是吗？但是，只有妄想不能让人的幸福得到满足。没有在现实中拥有轿车，一切都只是空话。所以，只有在真正买了车之后，才会因为自己有辆新车而兴高采烈。

肉体至上主义会带来痛苦

我们最好理解这样一个道理：人们眼中的幸福，只是身体感受到了刺激而已。这就是佛陀的见解。人们在信奉肉体至上主义的同时，也必须面对各种痛苦与苦难。

无论人类做什么，其实都是在为自己的身体考虑。我们的确做了很多事，不是吗？建造高楼、电车、宇宙飞船，进行卫星直播，这些事，都是为自己的身体做的。

到2011年年底，日本电视将实现数字信号的完全使用，之前人们所使用的电视机都会被淘汰。虽说如此，但人们还是无法找到免费回收处理这些电视机的地方。虽然这不是我们个人的问题，但对我们来说会很麻烦。因为这也是为了给予身体刺激而做出有的行为，随之而来的，必然有各种各样的痛苦与苦难。

因肉体而生的痛苦

肉体至上主义带来的痛苦与苦难究竟是怎么一回事呢？让我们一起考虑一下这个问题吧。在这个世界上，为什么会有人发动战争呢？为什么会有人掠夺土地呢？释迦牟尼说："这都是因为身体的需要。"

为什么会有不公平出现呢？那是因为有人想要独占资源。所以，地球上的资源总是不能被平均地分配。

不论生在何处，不论身份地位高低，人人都应该有生存的权利。但是，不论生在何处的人都有追求平等的权利，这种想法行得通吗？每个人都会告诉别人："要维护好你的人权。"但是，当自己国家的人权维护得不够好时，他国提了一些忠告，自己便会说："你怎么能这样说我们！"并感到非常生气，火冒三丈。若退一步，不这样想的话，那自己也不需要去责备别国的人了。

在这个世界上，人类为了自己身体的享受，相互争斗、相互抢夺的例子屡见不鲜。之后，力量强大的一方获得更多的财产，而力量弱小的一方难以生存。这非常不公平，不是吗？

我们常说："只有动物世界里是弱肉强食的，人类很尊贵，不会做这种事。"但事实上，人类的世界也是弱肉强食的。弱小的人没有获得食物与药品的权利。即使是政治家，也有世界上广泛认可的强者逻辑支撑，弱者则完全没有话语权。

世俗的幸福仅是感受到了刺激

我们总是在创造一个只有强者才能存活，才能活得舒服的世界。我们信奉的价值观也是肉体至上主义。

为了自己的身体，我们什么事情都做得出来。为了自己的肉体享受，建造豪华宅第，侵略其他国家，积累不义之财等行为，若是人们都从"肉体至上主义"的角度出发思考问题的话，一切都是理所当然的。

若是人们贯彻肉体至上主义的理论，那么为了身体而去积累大量的钱财当然是必要的。另外，当手中还有存款时，这些人便会去大肆购物，有时候会一次性买齐下一年的使用量。结果，别人想买也买不到。像这种不公平的事情在这个世界上到处都是。

像这类不公平的现象既不能通过政治手段解决，也不能通过宗教方式解决。因为宗教团体也会认为自己倡导的教义才是世界上最完美的，而对其他宗教产生歧视，所以宗教也无法解决这个问题。

因此，我们必须清楚地了解这个世界上的事实与真相。而我上述所说的，"人们眼中的幸福，只是身体感受到了刺激而已"这一点，就是事实，应当清楚地了解。

走出充满刺激的物欲世界

没有人希望自己不幸福。每个人都会以幸福为目标活着。

但是，这样的结果就是无止境的战争、虐待、杀人与争斗……呈现在我们眼前的就是如此可怕的光景。与此同时，人们还会因为欲望、愤怒与憎恶等情感令精神陷入重重烦恼之中。

为什么我们会忌妒别人？这就是肉体至上主义在作祟，其实不忌妒又如何？也无所谓吧。

为什么我们会对别人发怒？这也是肉体至上主义在作用。因为我们的内心被欲望、愤怒与憎恶束缚。

就像这样，尽管我们因为自己的身体已经背负了太多痛苦，但我们却仍然背负着这些痛苦继续前行，继续吃美食，继续住豪宅，继续随心所欲地做事，毫无愧疚地贯彻肉体至上主义，为了自己的肉体而活着。

尘世总有一些人，一听说"学习佛教能生意兴隆"便来听讲经说法，一听说"念持咒语能挣大钱"便又蜂拥而上。但是，几个星期过去，他们又突然改变了主意，沉迷于其他事物之中。

因为这种情况较为普遍，所以我们现在很难改变肉体至上主义的现状。结果，世界上出现了许多讴歌肉体至上主义的团体，甚至把"肉体至上主义"作为自己团体的亮点。

金钱不是一切

经常会听到有些人说："真正重要的不是金钱。"

但如果我们去问这些人："那什么才是真正重要的呢？"他们却无法回答。

《圣经》中也曾提到：人并不是只为了面包而活的。若是把这句话说得再具体一些，就是"人不是只有身体"的意思。这一点与佛教中提出的问题异曲同工。但我更想听到的是答案。若是追问他们答案，我便会被告知："信仰神明便能去永远的天堂"。这不是与尘世的人们陷入了同样的怪圈吗？其结果，还是在追求身体的刺激。

从佛教角度来看，通往幸福的路确实不止一条。但是，大家都不理解什么样的路才能通向佛教意义上的幸福。

人生无所谓输赢

争斗也好，不公平也罢，欲望、愤怒、憎恶等精神上产生的苦恼，都是因为肉体至上主义的活法导致的。

于是，人生有了成功与失败，有了输家与赢家。尘世间，许多东西可以带来肉体的享受，拥有它们的人便被看作是"成功者"；反之，就被贬斥为"失败者"。最近出现的"输家"与"赢家"的说法也是同样的性质。

没有人希望失败，不是吗？万一不幸成了输家，内心就会觉得无限悲伤，不是吗？但是因为失败了，所以就被归入输家的行列。为什么呢？因为竞争的过程中，有许多人强壮、暴力，因而弱小或是善良的人就更容易失败。

现代社会让穷人走投无路

人们信奉肉体至上主义，但是身体感受到的快乐并不是无限的。尽管如此，为了身体享受而被浪费的资源和被消耗的精力未免也太大了。只为了一丁点儿肉体上的刺激与快乐，我们白白浪费了许多资源。

然而，比起吃饭的预算，人们用在军事上的预算简直是天文数字！但是，即便如此，日本却仍在大幅度地削减社会福利预算，增加军备开支。

不论是哪个国家，一旦遭遇经济不景气，最先遭殃的一定是那些弱者的钱财。老人们什么都做不了，但他们都希望维持自己的生活水平，有什么不对吗？大家都是人，不是吗？与那些还在工作的人相比，这些老人不正是跟他们自己的父母、叔伯、娘姨是同一代的人吗？为什么就不能一视同仁，像家人一眼对待老人们呢？若是贯彻"肉体至上主义"，他们便不会继续供养那些老人了。

请大家将目光转向自以为是、对全世界说教的美国身上吧。我请大家来看看他们国内的教育情况。这个国家花在教育上的预算也正在逐年减少，但是如今的社会不接受教育便不能参加工作，这一点大家都能够理解。但是，如果演变成只有富人才有机会接受教育的话，那些穷人便会得不到工作，日子越来越穷困。再演变下去，他们什么都干不了，只能靠抢劫、吸毒度日。于是，他们又会被人说三道四："看！这家伙果然是个罪犯。"

这个社会关闭了穷人们争取幸福的大门，穷人们还能说些什么呢？穷人们为了生存，必须要吃东西，不是吗？于是，他们只能犯罪，或者等待死亡。这简直就像在告诉他们"年纪大了就快些去死""穷人就应该去死"一样。

所以，在这个"肉体至上主义"的世界里，"没有资源""没有金钱"的声音越来越响，若人们要问地球上的资源到底是怎样被使用掉的，答案很简单，就是被浪费掉了。

追求刺激、肉欲的生活充满痛苦

在那些终日战乱的国家中，孩子活在精神恐惧里。巴勒斯坦的孩子们在上学的途中，会遭遇从天而降的炸弹。随后，双方士兵就开始激烈交锋，相互用机枪扫射。孩子们只能躲起来。即使有孩子不幸遇难，士兵们也毫不在意，继续交战。这些孩子内心的痛苦，我们能体会吗？

其实，这都是肉体至上主义的结果。

我们必须要懂得，无论肉体如何至上，我们的躯壳也会衰老，肉体都会崩坏。无论花多少钱做美容、做保养，也不能阻止我们日益衰老。所以，本着肉体至上主义来发展科学的行为，在佛教看来，所有的努力只能归于徒劳而已。

另外，肉体至上主义也并非是人类所独有的，动物也会有物质享受。在佛陀的眼中，肉体至上主义的活法绝不是什么好的活法。

比起动物，人类的肉体至上主义只是一个巨大的失败。

动物不会发动徒劳的战争与掠夺，只是本着动物的肉体至上主义生存。动物们争斗是为了让其后代更强大繁盛，为了给后代留下强者的基因。所以，动物之间的争斗有着更为深远的含义。

而人类就不是这样了。人类只是单纯地追求肉体的享受，并且希望通过这种享受获得幸福。这种做法在佛陀的眼里不仅没有意义，而且十分可怕。世界上所有的痛苦皆由此而生。

还有一件更加值得人们关注的事情。我们若是继续坚持肉体至上主义的话，到最后，甚至连身体的快乐也会失去。身患癌症或是艾滋病，又或是战死沙场，这些都很可怕吧？但是这样做，身体确实曾经享受过刺激，不是吗？这一点其实非常矛盾。为了肉体的享受而生活，结果却毁掉了自己的肉体。

肉体至上主义本来就是愚蠢者的做法。他们不但无法达成最初的目的，还会损坏自己的身体，这样一来，连愚蠢都加倍了。

感官享受都是苦

那么，是不是大家都会有一个问题，到底身体能感觉到什么呢？如果简单地思考，我们的身体就和桌椅一样，只是一个物体而已。

但是，这个物体有感受这个功能。能看、能尝，能通过触摸感受自己的心情。也就是说，因为身体有各种感觉，所以人们才能把刺激感知为一种快乐。

但是我们稍微研究一下就会发现，感觉其实是一种"苦"，而不是"乐"。

比方说，坐在软软的沙发上感觉很好，感觉是种享受吧！但是，那只是一种错觉罢了。不论多么高级的沙发，人在上面坐久了都会觉得难受。人们觉得一直站着会累，其实一直坐着也会很累。

也就是说，身体所能感知到的其实只有痛苦罢了。我们只是在无法承受这种痛苦的时候转向了另一种痛苦而已。大家会不会有这种经历：觉得站得痛苦就坐下，坐得痛苦就又站了起来？

想一想，我们肚子饿的时候会觉得很痛苦且难以忍受，于是我们就会吃饭，空腹感消失的一瞬间，我们会觉得很舒服很享受。但若是有人吃得太多吃撑了，他又会觉得很难受。如果这个人还继续吃个不停的话，就会觉得极其痛苦。到最后，吃饭这件事情对他来说，也会变成一种痛苦。虽说如此，那么我们饿肚子吧，饿肚子就会很快乐吗？绝对不可能吧！

再来想一想，我们累了就睡，就会觉得很舒服不是吗？若是这样一直躺着的话又会怎样呢？肯定会痛苦得难以忍受，最后在床上动来动去的吧！

佛陀的苦修

人类的呼吸也是同样的道理。如果人们只呼气不吸气就会很痛苦，只吸气不呼气也会很痛苦。

释迦牟尼在修行中曾修炼过苦行，他尝试停止呼吸，之后，无论感到多么痛苦他都平静地记录下来。我来概括一下，大致是这样写的：

……吸气，但不吐气，这样空气便会不顾一切地想冲出鼻子来。这时，会听到十分恐怖的声音。继续憋气，空气会进入上半身，头部感觉到如同刀刺般的疼痛。于是，空气开始往下走。这时就会觉得肚子里像被刀锯一样疼痛。随后，空气便开始在体内蔓延并进入毛孔。这时感觉到了火烧一般的疼痛。即便如此，我也屏住呼吸，直到最后失去意识倒下……

释迦牟尼的苦行，没有丝毫玩乐的成分，这是为了追求真理而拼上性命的修行。

所以，释迦牟尼会说"活着就是痛苦"这句话，大家最好记住。像我们这些没有如佛祖般智慧的人，不要轻易地说这说那，妄下结论。

痛苦充斥在生活中

我们的身体所能感受到的只有痛苦。

一直盯着一样东西看的话，眼睛会酸痛吧？一直听着同一种声音的话，耳朵会疼吧？所以我们要经常看不同的东西，经常听不同的声音，借此转移痛苦。

大家都觉得听音乐是件快乐的事情，那是因为音乐是由各种各样不同的声音混合而成的。若是一直听同一个声音，大家还会感到快乐吗？如果一直用钢琴等乐器演奏同一个音的话，听的人心情也会变差，不是吗？这样的声音还真不如摩托轰鸣声好听！但当钢琴家在键盘上舞动着手指弹奏，那就另当别论了，那就是一种让人感到美妙无比的音乐。

这就是人们的无知。因为持续听同一个声音很痛苦，所以听音乐，但这样做只是让痛苦渐渐转移出去了而已。若人们真觉得这是一种快乐的话，时间久了，人会变得无法冷静。

食物也是一样的道理。虽说有世界上最好吃的豆腐，但为什么我们还要吃各种各样的东西呢？或者不加酱油等调味料，一直只是吃豆腐，这样行吗？

"说到日本最具代表性的米，那一定就是高志水晶稻，世界上其他地方哪有这么好的米？"很多日本人都为此扬扬自得。这算什么话！若真是这样，那我建议他们一直就吃米好了，还要吃什么菜！

生活中，很多时候我们所说的事情都只是我们的主观感想，而非客观实际。那些行为也都不过是感觉的转移。所以说，感觉即痛苦，与快乐无关。尽管如此，还是会有很多人用自己的"肉身"去寻找幸福。

我们的所作所为，只是用另一种"苦"来替代眼前的"苦"罢了。然后，我们又会把这种痛苦减轻的过程看作是快乐与幸福。但是，我告诉大家，这其实就是一种错觉。从一种"苦"转移到另一种"苦"上的活法，是一场梦幻泡影。

这种虚幻，若是用一种病换成另一种病的话，便很好理解了。"这次是感冒，下次就是肺炎了吧！再下次应该是什么病呢？"这种思维方式很奇特吧！但是，世界上就是有很多人，是用这种思维方式行事的。他们一直在考虑的问题其实就是"下次要换成怎样的痛苦呢？"对于我们普通人来说，结果便是使一种"苦"向另一种"苦"的转换成为我们生活的全部。

追求幸福的感官刺激并非无界限的

通过视觉、听觉与味觉得到的快乐是有限度的。再怎么盯着看，一直听，快乐的程度达到一定高度之后也不会再上升。

无知与混乱的人往往会听一整天音乐。这样做的后果是影响人的听觉，甚至导致失聪。同样，味觉也是这个道理。如果人们一直吃同一种味道的东西，味觉神经就会被破坏，还会影响大脑健康。

身体的力量是有界限的，我们的身体并不拥有无限的能力。我们用自己的眼睛看到的，用自己的鼻子闻到的，用自己的舌头尝到的，都不可能超出身体所能感知的范围。

人们虽然能够妄想，但妄想的行为与肉体相联系是有界限的。超越界限的妄想会让人的头脑变奇怪，让人生病，最后引发精神上的问题。

反过来说，即使不是妄想，如果过多地考虑一些多余的问题，周围的人也会觉得这个人的头脑有问题。某个人学习知识，整天就只考虑一些学问上的事情。这样，即使是读了很多书，也绝对够不上"头脑好"的标准，稍微交谈一下便会露出本质，反而让自己看上去头脑变差了。虽然他主观上想增加见识，但因为没个限度反而钻进了牛角尖，所以最好适可而止。

但若是秉承了"肉体至上主义"行为处事，人们便会不考虑界限的问题，觉得只要不断去做就好了。结果很明显，这样做出来的事情肯定也是一塌糊涂的。

了解自己的界限在哪里，这种行为在佛教中叫作"知量"。佛教认为，一个人应该清楚自己身体的界限，做好界限范围内的每一件事情。

所以，我们吃饭时不能吃到撑。肚子吃得过饱就超越了界限。长此以往，胃和肠道都不能正常运作，有害的物质在肚子中累积，会导致生病。吃东西的时候，我们只要吃到满腹的三分之二就足够了。留着其他的空隙让胃酸有时间好好消化食物，让肠胃健康地工作。

超出界限，不仅会痛苦，还会陷入身体崩坏、内心混乱的不幸深渊。

佛教认为，即使奉行肉体至上主义，也只需达到最低的限度。也就是说，即使愚蠢了，也不要让愚蠢变成双份，愚蠢只需要一份就够了。做到知量，明白适度的含义，便能拥有快乐的活法。

拂去心尘

真正能感知幸福的，只有心

心究竟是什么？

心是人用来感知的地方。快乐、幸福、痛苦等感情都是通过心感知到的。请大家回想一下本章最初提出的问题："到底是什么感知到了幸福呢？"

这个问题的答案在这里：感知幸福的是我们的心，与身体没有关系。

因心生痛苦，因心生幸福

物，也就是被心感知的对象，其本身并不会创造幸福。

我们经常会提到钱，但钱本身不能创造幸福，只有我们自己的心能创造幸福。

"获得一万日元会觉得幸福！"按这句话的说法，创造幸福的应该是这一万日元吧！这样的话，不论谁得到这一万日元的钞票，能够感受到的幸福就应该是相同的。这应该会成为一种固定法则。

比方说，有个玻璃容器，可以装四十毫升的水，这样的话，不论谁来装水，容器的容量都是四十毫升，水多了便装不进去。

同样的道理，若真是物制造了幸福，那这一万日元应该也能创造出相同的幸福。这样的话，无论是谁得到了这一万日元，幸福的程度都应该是相同的。但是，事实上真是这样子的吗？难道每个得到一万日元的人所感受到的幸福几乎相同吗？虽然数额相当，但每个人能够感知到的幸福也应该是有差异的。

试着给婴儿一万日元看看。他（她）会高兴吗？肯定不管是什么，他（她）都直接往嘴巴里塞了。再试试把这钱给一岁左右的小孩看看，估计直接就被他拿去涂鸦了。就是这样。

再把这一万日元给穷得吃不上饭的人试试？他们应该会觉得非常高兴吧！若是把这一万日元给大富豪呢？估计他们不但不高兴，反而可能还会生气。像政治家之类的人物，即使接受了数以亿计的钱财，也会说"忘记了""让秘书拿走了"等等。所以，若是给一位议员一万日元，他也不会因此感到非常高兴。

看到这里，大家对"物不能创造幸福"这个道理了解得很清楚了吧！即使是最好吃的饭团，也不会带给每个人相同的喜悦吧！若是碰上讨厌米饭的人，不是更不会感到高兴吗？

即使在同一环境下，由于每个人内心的实际情况不同，同一件事情，也会有人觉得是幸福，有人觉得是不幸。所以，重要的还是要学会管理自己的心。因为缔造幸福的并非是"物"，而是"心"。幸福的感知与肉体本身无关，我们要学会管理自己的心，让心能感知到各种幸福。

肉体至上主义是完全错误的。身体所能感知到的只是痛苦，而非喜悦。真正能感知到喜悦的只有内心。所以，我们要学习让心感知更多的快乐与幸福。

心能感知无边幸福

我们的身体有界限，但我们的心没有。

若能好好地培养并管好自己的心，便有可能感知到无边无际的幸福。

关于这一点，释迦牟尼祖师在经典中是这么说的。

释迦牟尼的第一个信徒是一个名叫阿难陀的居士，他家境富裕。这是阿难陀居士与释迦牟尼初次见面时发生的故事。

有一年冬天，阿难陀居士有要事前往桥萨罗国，并在一个富裕的朋友家里借住一宿。但是，令他不解的是，以往去朋友家他都会被认真接待，这次变了，朋友显得相当忙碌，完全没有时间接待他。

于是，居士向朋友询问："明天是国王要来吗？"朋友回答说："不是。要来的是开启了我智慧的佛陀，我正在做一些迎接他的准备。"听到"佛陀"二字之后，居士非常惊讶。他心想着，无论如何都要见佛陀一面。于是他整晚都坐立不安，辗转难眠。

他等不及第二天早晨的到来，就准备出门。周围的人拦住了他，并告诉他说："像你这种有钱人，半夜在外面走很危险。

佛祖明天早上就会来，你先睡觉吧！"即便如此，居士依然无法入眠。

突然，他的身边亮了起来，那种亮光简直让人怀疑是不是已经到早晨了。因为居士"想见佛祖"的想法非常单纯，所以能看见光。即使是在黑暗之中，也存在着让人顺利行走的光。因为阿难陀居士用一颗清明之心想事情，一心要见佛祖，于是就有了光。

然后，阿难陀居士说："已经很亮了，这样的话，我一个人出门也没问题了。"说着便出去寻找佛陀。

但是，感受到光需要常保持一颗清明的心才能实现，走着走着，居士的注意力分散了，光也随之消失了。周围一片漆黑。居士心中觉得异常恐怖。即便如此，他还是坚定了要见佛陀的信念。光再次亮起，他继续前进。

走到森林深处，有一处只有极少落叶而又非常寒冷的地方，居士看到了一个很像佛陀的人静静地坐在那里。

对于过惯锦衣玉食生活的阿难陀居士来说，隆冬时节，佛祖不因寒冷而退缩，静静地坐在那里的行为实在不是他能想象的。"不管怎么说，坐在这种地方怎么受得了？这人真的是佛祖吗？"阿难陀非常担心。

他心想：如果这人真是佛祖，那就应该叫得出我的本名。

"阿难陀居士"只是当时的人对他的一种敬称，并不是他的本名。他的真名是"须达"，而这个名字只有他的父母才知道。

随后，他听到佛陀说："须达，欢迎！"

直到此时，阿难陀居士才彻底明白，那人就是真正的释迦牟尼。随后，他又很担心地问佛祖："祖师在这种地方也能睡觉吗？"释迦祖师就回答说："内心清明无污浊，完全善养了自己内心的人就能睡得好，过得幸福。"

也就是说，释迦牟尼在如此艰苦的环境之下，也要教育别人善养自己的心。这条教诲所表达出的含意与"肉体至上主义"完全相反。不善养自己内心的人，即使住在宫殿、城堡之中也会饱受痛苦。善养了自己内心的人，即使过着托钵乞食的生活也能感知幸福。这种幸福才是佛教意义上真正的幸福。真正的幸福没有界限，真正的幸福是通过善养我们自己的内心获得的。

修理内心的行为便是佛道

善养内心便能感受到无边的幸福，但如今我们的心都处于故障的状态。因为内心故障，所以幸福也好，充实完满也好，我们都无法正确感知。

若是心出现了故障，又该如何是好呢？我的理解是，非修不可！修理内心的行为便是佛道。

无知的人认为幸福在心外。他们认为幸福存在于金钱、家庭、汽车、孩子、娇妻之中。所以，他们所做的事情就是把各种各样的东西悉数收入囊中，为了获得这些"财产"拼尽全力。

还有一种人，他们所谓的幸福就是永恒的天堂。但永恒的天堂也存在于心之外。这些人认为：既然这个世界是苦难的，那永恒的天堂就是永恒的幸福了。

这二者其实是相同的。在我看来，坚持"同美女结婚便是幸福"的人与坚持"我对于现世没兴趣，我祈祷进入天堂获得幸福"的人属于同一个级别。因为他们都认为幸福是存在于心之外的东西。所以，也不是说对于宗教没兴趣、一味挣钱的人级别就低，挑战精神世界的人级别就高，其实他们在本质上相差无几。

修行，让心感受幸福

故障中的心，不论身处何地，料理何事，所能感知到的都只有不幸与痛苦。因为我们的内心处于故障中，即使得到了宝物也还是觉得痛苦。

比方说，那些腰跟全身都疼得束手无策，坐都坐不下去的人们，让他们去坐在金质的椅子上，就会不疼了？就会觉得幸福吗？痛苦消失了，还是加剧了？

释迦牟尼再次举出了一个例子来说明这个问题。

想象有一头没有皮的牛。牛皮脱落，红色的肉裸露在外。这头牛待在草原上，吸引了很多虫子靠过来叮咬。牛于是觉得很痛苦，就换了一片草原待着。结果怎样呢？因为没有皮肤，浑身上下被花草的刺扎得通红。而且虫子依旧靠过来叮咬，于是牛只好通过蹭树来弄掉虫子。这又如何呢？牛得到幸福了吗？还是仍旧处在痛苦中呢？所以，我们无论是在太阳普照的地方，还是背光的阴暗面，无论是在大草原上，还是在茂密的丛林之中，感受到的都只有痛苦。

人的内心故障与没有皮的牛是同一个道理。若是内心出了故障，天国也好，地狱也好，都没有什么区别。也就是说，如果我问大家，人有钱了，生活就能变幸福吗？不能吧。若是内心长期处于故障之中，不论一个人是否有钱，都会感受到不幸。

追求刺激的心无法感知幸福

故障的心会追求身体上的刺激。

但是，这没有任何意义。因为内心始终处于故障之中，人们只会胡乱追求一些获得刺激的方法，所做的一切又以失败而告终。想要挣钱，结果触犯了法律，留下的只有痛苦。

若是我们持续这种做法，构造出的世界便是弱肉强食、充满竞争，如中毒般沉溺在刺激之中，破坏自身的身体健康，结果只能陷入精神的苦难深渊里。若是我们的内心处于故障状态，便会身陷肉体至上主义，走上自我破坏的道路。

当今社会，环顾四周，大家不正是朝着破坏的方向在前进吗？资源渐渐流失，温室效应加大，一部分国家可能还会因此沉入海底；污染日趋严重，自然环境被严重破坏，无论人们在何处，都可以发现，过去我们的所作所为其实都是一种自我破坏。

善养内心的修行①：远离贪欲

我们的心若处于故障状态下，就必须接受诊疗。

若是我们给心照一张X光片，便会发现一种名为"欲望"的病症。所谓"欲望"，就是希望把身外之物都变成自己的物品的想法。所谓身外之物，包括家庭、财产、住宅等，形式多样，品类繁多。认为把这些东西都变成自己的便能拥有幸福，这就是依存于外界的幸福观。

这种观念实在是非常可怜啊！因为持有这种观念的人认为，如果没有了这些身外之物，他们的人生就是不幸的。我们时常听到有人说："老婆带着孩子跑了，我真不幸！"

这不是开玩笑。人们觉得自己的东西被别人拿走了，好像这样子别人就拥有了幸福。但是，幸福不是内心的东西吗？又怎么会被人轻易夺走呢？若真是一种东西的话，倒是还能被别人夺走的。

欲望针对的是外面世界出现的东西。外面的世界非常大，所以欲望也被无限地扩大，自己内心的故障也因此被慢慢扩大了。欲望不正是这种东西吗？欲望这种东西，越看外面的世界，越会增加。所以，人们依存外界的行为是很危险的，会让自己的欲望增加。

越想得到，越得不到

有些东西，即使你想要也不一定可以得到。身外之物这类东西就有类似的排斥力。

是不是你说了想要，身外之物就会变成你的呢？不会吧。见到一个美女，你说想要，是不是美女就会与你结婚？不会吧。看到一件漂亮的衣服，你说想要，店员就会跟你说喜欢就请拿走吗？不会吧。身外之物是不会这么轻易就属于自己的。

万事万物都有一种不愿成为你的东西的排斥力。

所以，"获得"这种行为本身就很辛苦。我们看到昂贵的衣服便会产生欲望，但不贷款根本买不起。贷款的宣传口号也许是"让您有计划地用"，但事实上，有计划进行的只是金钱还贷而已。所以，获得的结果并不尽如人意。

为什么我们会有贷款这样的机制？我觉得很不可信。只用自己的收入生活不就足够了吗？为什么还要贷款呢？更离奇的是，贷款还在宣传"不论是谁，二十四小时之内马上就能获得贷款"。这样一来，马上能见到的只有地狱。

若是把想要的东西硬往自己这个方向拉，那么东西自己也会向相反的方向拽。这就是对立的人生。

到手的东西有一天也会失去

即使有些时候，因为想要的东西很小，让你成功地将其拉向了自己。但即便如此，人与物也并非一体。即使自己拿到了薪水，也有可能不是自己的。

男性和女性交往，可以用各种方法去讨她的欢心，为她买礼物，说各种亲切的话，有些女性可能会因此而拜倒在这个男性的魅力之下。但是，就算之后男人与这位女性约会、一起外出，她也不可能就这样成为他的东西。这位女性想的可能是如何逃跑。所谓的"物"就是这样，会不想成为任何人的"物"。

大家都请认真听听自己的心吧。会不会有人想被谁拥有呢？想把自己的孩子变成自己拥有的东西，这样的人很讨厌，不是吗？即使对自己的孩子有非常多的贪恋，也讨厌被自己的孩子当用人一样支使。我们连对自己的孩子都是这样，对其他人就更不用说了。

所以，若是怀着欲望把财产或人拉向自己的话，结果他们都只会逃向相反的方向。接下去的日子，还是不得不战斗。譬如夫妻，不少夫妇结婚之后，为了让太太安心待在家里，丈夫就不得不花许多工夫，哄太太开心，拼命工作，努力赚钱。

我想告诉大家的是，有时候我们觉得自己已经到手的东西，其实都在远离自己。虽然会告诉别人"我有这个，我有那个"，但最终，这些都在渐渐远离自己。

释迦牟尼曾说："愚蠢者会说自己有财产，有家庭，但结果有的只是烦恼。"他还说过："连自己与自己的肉体都不属于自己，还有什么财产？还有什么家庭？"

尘世里的人们，当觉得原本属于自己的东西正在远离自己时，会产生难以忍受的痛苦。所以，当父母的若是孩子死了，会难受得不能自拔，不是吗？当丈夫的若是妻子走了，会痛苦得不能接受，不是吗？即使妻子没有逃跑，但为了让她们对自己好一点，每个丈夫都需要付出艰辛的努力。

想要的终究得不到

"想要的终究得不到"这句话是一个真理、一个法则。即使人们想要，也会得不到。如果觉得某件东西成了自己的，告诉你，那只是错觉罢了。即使付了钱买了自己想要的东西，那东西也不会真正成为自己的，与自己合而为一。

另外，我们都曾经因为个人情感而拼命想要得到某种东西，把这个东西想象成什么都行。但我的疑惑是，得到它是不是真的能够幸福呢？我们不清楚。比方说，某个人在店里看到一件很漂亮的衣服，他很想要。但是虽然这样想了，却没有实际穿上身过。所以，穿这件衣服能否让他幸福呢？没有人知道。

每个人都在不知道自己追求的东西能否让自己获得幸福、能否给自己带来快乐的时候，就想着把本不属于自己的东西据为己有。即使和那个人真的在一起了，也不知道能不能从中获得幸福，不是吗？尘世中像这样的例子有很多，因此失败的人也有很多：觉得跟那人结婚了就能幸福，结婚之后才发现情况完全相反。而那个人连这个道理都弄不明白，还为了能够结婚而大费周章。

欲望能获得的快乐很短暂

下面，我们再来看另一个问题。假使我们已经得到了某样东西，会如何呢？我想，大家会为了守住它，不让它离开而大费周章吧。这是很正常的现象，在我们很努力地得到了某样东西之后，接下去就必须为守护它而耗费心血。于是，保安公司就能大发横财了。

但是，由于"得到之前的自己"与"得到之后的自己"是完全不同的两种状态，所以即使成功地获得之后，也并不能变得像得到之前那样。那种想象中的快乐与幸福也只能停留在想象之中了。

想象一下，一个人在二十岁的时候，想和恋人一起出去玩而想买辆车子，人到中年攒够了钱买到了车子，会怎样呢？这时，他已经和这个女人结婚十多年了，就算买到了梦想的车子，也不会感觉到二十岁时所期待的那种"与恋人开车兜风"的快乐感受了。现在的他能感觉到的只有与妻子在一起兜风的十年。或许比起跟丈夫说话，妻子更关心担忧孩子，但这份"喜欢"或是"想要"的情感，与得到之前的自己却有了明显的不同。

也就是说，我们经由欲望获得东西，就一定会尝到"得到之后会失去"与"自己已经改变"两种痛苦。简单来说，就是祸不单行。没有得到很痛苦，得到之后，由于自己所处的环境已经改变，也就变得不如想象中那么快乐了。即便如此，我们也必须守护自己得到的东西。因为我们认为，这件东西是属于自己的。不论从哪个角度来看，都是痛苦。所以，经由欲望而获得的快乐，绝对是不值得的。

关于欲望，释迦牟尼曾说过：从欲望中只能获得些许快乐，更多的是痛苦与忧虑。比起得，失去的会更多。也就是说，虽然我们吃大餐很快乐，但是比起吃大餐的快乐，之前所品尝到的辛苦，还是会更多一点。

善养内心的修行②：放下嗔怒

再来给心照张X光片，我们会发现另一种名叫"怒"的病症。下面我来阐述一下这种病症。

首先，人们产生了怒的情感，就会讨厌那些心中不喜欢的东西。然后，就会产生一种情感，想要攻击、破坏那些令自己讨厌的东西，通过破坏、毁灭自己讨厌的东西，获得幸福的错觉。

因此，我们可以理解，强者会给整个社会带来很多麻烦。他们会用自己的愤怒与强大的力量把世界破坏得一塌糊涂，犯法、杀人等都是会导致大破坏的行为。

而弱者则会感到后悔，继而破坏自己。他们的内心被愤怒填满，但因为自身力量弱小，什么也做不了，于是觉得后悔继而将自己破坏。自杀的人往往就是这种弱小者。

所以，愤怒是树立敌人的不幸之道。破坏自我便意味着树敌。树立了敌人之后，即使战胜了它们，自己也不会觉得快乐。简而言之，败，是败；胜，也是败。

这是从释迦牟尼的教诲中概括得出的。佛陀还说："胜者会面对更多的敌人。""败者会意志消沉。""佛道中人内心平稳，无胜，无败，无竞争。"

忌妒源于嗔怒

随着愤怒一起前来的，就是嫉妒。所谓忌妒，就是一种不愿认可他人的幸福、安宁、成功的心情。自己明明与别人毫无瓜葛，却还要去忌妒。

怀着忌妒的情感生活，即使得到也只是一种不幸。

但是，因为嫉妒，很多人都错认为自己获得了幸福。忌妒使人心情跌落谷底，看到地狱。尽管如此，还是会有很多人愿意继续忌妒。

更危险的是，这种心病会在愤怒的情感下被无限地放大。

想象一下忌妒之人的想法吧！世界上有多少人是真正成功的呢？多少总会有一些吧！不论这个人是谁，总有一些优点和可以胜过我们的地方吧！看到了这个"优点"就跑去嫉妒，这么做不是非常没道理吗？

比方说，有人忌妒那些比自己年轻的人，又如何嫉妒得完呢？比自己年轻的人又何止一两个啊！

大家看看，这是一件多可怕的事啊！

有人将"我和他不同，我是幸福的"这种想法作为前提，为了维持自己所谓的优越感而去忌妒他人，但我认为，真正幸福的人根本没有必要去忌妒他人。

社会上很多忌妒他人的人会不断跟周围的人抱怨："什么嘛！什么态度！什么腔调！"自己一副高高在上、什么都做得很好的样子，和被他抱怨的那些人完全不一样。但如果这些人真的完美的话，就不用去忌妒别人了。所以，那只是想浑水摸鱼罢了。忌妒之人实际上自己承受着极大的痛苦。

若有人是充满忌妒的性格，那他每天的人生真的是很辛苦了，而且绝不会有充实的活法。

若把整个世界与自己相比较，个人的存在实在太渺小了，完全无法相提并论。但是，嫉妒之人的忌妒对象是他人，也就是整个世界。这不是明显想让自己的人生朝着失败者的方向前进吗？

后悔来自嗔怒

后悔是愤怒的另一种形态。所谓后悔，就是想起自己已经做的事情以及没能做的事情并为此烦恼，由此带来讨厌自己的情感。

还有一种后悔，是自己对自己撒谎说"我是好人"而产生了后悔的情感。无论是哪一种，都是被过去的情感所牵绊而导致痛苦，并非充实的活法。后悔带来的结果就是，不断给自己增加多重不幸，同时向着失败者的方向前进了一大步。这也是一种心病。

善养内心的修行③：解除心病

此外，还有其他各种心病。我在此只列出名称，供大家参考。下面这些都是心病。

- 吝啬
- 无知
- 不以行恶为耻
- 精神状态不协调，混乱与兴奋相混杂的状态
- 基于错误见解的生活，邪见
- 傲慢，自我意识强烈
  ……

医心病，才是有意义的活法

心病有许多种。即使只是其中一种，也会像癌症一样把我们的一切都破坏掉。而我们的心里有了太多这种心病，所以必须接受治疗。

幸福感与充实感都来自于我们的心。若能保持一颗健康的心，生活疾苦便会荡然无存。

若能保持一颗健康的心，便能消除一切徒劳。若产生了哪怕只有一种心病，我们所做的一切都会变得徒劳无益。所以医治心病能使所有的行为变得有意义。

尘世间有很多人，他们的人生信条就是两个字：挣钱。

但是，佛陀告诉我们，人活着的目的不应该是挣钱，而是医治心病。

拂去心上尘垢，这正是"有意义的活法"，只有消除心病根源的活法才是真正的"有意义的活法"。

幸福需要有计划地构建

那么，要怎样才能拂去内心的尘垢呢？

这需要有计划、有步骤地进行。幸福需要有计划地构建，幸福不是通过一瞬间解决一个简单的问题而获得的。

世上有些愚者会问："难道没有一瞬间就能解决问题的简单方法吗？"这个问题其实也有佛教自身的原因。因为佛教在各地广泛流传的过程中，许多重要的经卷被破坏、散佚了。大家为了获得那种简单而便利的方法，开始创作各种咒语。

现在还有很多人能看到的，比方说，挂曼陀罗像能消除烦恼，或是立一尊护摩像，又或是心有108种烦恼，取108块木板烧了便能消除烦恼等。这完全是胡闹！佛教的世界也是一个科学的世界，怎么可能用如此低级的方法？这样的做法就好比说"不痛了、不痛了"之后，便真的觉得不痛了。怎么可能会有这么简单的办法！

我们不能在第一步便顿悟。循序戒恶、循序工作、循序前行便能到达顿悟（智慧）的境地。

也就是说，佛陀从不说：诸比丘，要顿悟于一瞬，医心于一举。我们必须循序戒恶，消除欲望、摆脱愤怒要循序渐进，路也必须按顺序来走。这样的话便能顿悟。

就像这样，真正的幸福是需要有计划地构建的，没有什么捷径可循。

实现幸福的计划

理清先后顺序

接下去，我将要说一下如何有计划地构建幸福，不过内容会比较晦涩。因为释迦牟尼在阐述这些道理的时候，运用了许多故事，尽力让我们明白他的意思，但还是绕了许多远路才能明白。佛陀希望各位通过各种各样的例子，明白构建幸福的方法。

这里我介绍中部经典第54卷《哺多利经》中的一个故事，名为《顺序之道》。

某天中午，释迦牟尼在住处附近化缘，之后便走进了森林。这时，有一个名叫哺多利的在家人，穿着草鞋带着伞外出散步。一般的印度人是不穿草鞋的，而这人又穿草鞋又带伞，说明他是个爱打扮之人。这时，释迦牟尼想要与他交谈，就向他打招呼说："先生！"

随后，释迦祖师又说："这里有地方坐，过来坐吧！"

这时，那人十分生气。因为释迦牟尼用了跟普通俗人一样的话来跟他打招呼。

释迦牟尼这时明白了，这人讨厌被这么称呼。但佛陀还是故意说："先生，这边有地方坐，坐吧！"

这个人更加生气了。即使如此，释迦牟尼还是第三次这么称呼他。释迦牟尼有计划地让那个人生气，好让对话继续进行下去。果然，那人生气地冲着释迦祖师大吼起来："荒唐！这种称呼怎么可能配得上我？居然把我这种人跟那些凡人一起称作'先生'，太荒唐了！"于是，释迦牟尼就回应道："事实上，你穿着在家人的衣服，怎么看都是在家的人。你觉得呢？"

于是，那人就开始讲述自己的学问："我把所有的工作都辞了，还摒弃了世间所有的常识，断绝了与所有凡人的交往。"听了这些，释迦牟尼回答道："有理性的圣人的教诲，并不是'打破世间的常识'这么简单的东西！"

于是，那位在家之人才说"请指教"，并开始聆听佛陀的教诲。

修持八种戒律

诚然，佛教中确实有"不要走世间的人所走的路"这条教诲。但是，那个人误会了。他理解成幸福之路与世间道路完全不同，所以必须打破一切世间的道路。释迦牟尼于是跟他说了上述的话。这个在家的人因为"一般人所做的事情自己都不做"而自豪，在释迦牟尼看来，这种想法非常奇怪。

耆那教的信徒通常都全身赤裸。但是，在佛陀看来，"世间的人都穿衣服，而唯独我不穿，所以显得尊贵"这种想法很奇怪。不就是裸体吗？重要的并不是这个。

因为这位在家之人也许过着自己不工作，靠从别人那里拿钱的奢侈生活，或是做一些帮人祈祷之类的工作。总之，他做的事情都是一些很胡来的事情。

于是，释迦牟尼便提出了如下的教诲。佛陀传授了关于冲破世间常识、冲破"肉体至上主义"，让心能够健康成长的正道教诲。

完全脱离尘世的空间并超越的方法有如下几种：

- 不杀生，停止现在所做的杀生行为。

- 只收别人给自己的东西，不去偷窃。

- 说真话，不打诳语。

- 不议论别人。

- 不执着于欲望。

- 不责难、诽谤他人。

- 不憎恶，不仇恨。

- 谦虚，戒傲慢。

我们要实践这"八戒"，超越尘世的活法。

单纯地说"要破坏世间的常识"的行为，也被佛陀列入了必须"戒"的范围之内。

严守八戒，让你拂去心尘

接下来，我要说明"心"的问题。因为释迦牟尼会根据说话对象的理解程度循序渐进，而不是一股脑儿地将自己的智慧强加于人。

无论何等之结缚，因其可能使予为杀生者，予为舍离、正断此等诸结之行者。若予为杀生者，缘杀生得对予自非难之，智者了知，缘杀生当谴责"予"，身坏命终后，缘杀生当豫期生于恶趣。实此为结、为盖者，此即杀生也。而缘杀生，能生诸漏、烦劳、热恼；回避杀生者，则无有诸漏、烦劳、热恼也。

　　释迦牟尼想说的杀生，并非表面上的不杀生而已。愤怒、憎恶、欲望等，都会让人产生要杀生的想法。因为这些情感会导致我们去杀生，所以要拭去心上的尘垢，消除杀生的情感原因。

　　若大家问我们为什么不能杀生？这是因为杀生之后，我们的良心会产生愧疚，会责备自己为什么是个恶人，更会被贤者责难，会遭死后要入地狱等恶报。怎么看也不算是得到幸福。所以我们要停止杀生，要医治自己的心病。

　　就像这样，释迦牟尼还分别对"八戒"进行了解释。

　　不偷别人东西很简单，不是吗？不说谎或议论他人也很容易，不是吗？不执着于欲望也应该能够做到吧？恶语相向或是憎恶他人的行为也能停止，不是吗？戒掉傲慢不也是小事一桩吗？

　　这些仅仅只是开始。然后，就要做到不仅不说别人坏话，而且连说别人坏话这种念头都没有。不仅不憎恶别人，而且连憎恶别人的念头都没有。从这些简单的事情开始，慢慢地，我们便走上拭去内心尘垢的道路。

欲望带来虚幻的幸福感

在了解了这些之后，我们就要进入下一个步骤了。释迦牟尼在举出许多例子的同时，彻底否定了"肉体至上主义"这种观点。所谓"肉体至上主义"，就是主张给予身体刺激的意思。具体来说，就是看、听、吃与睡。佛教之中，这些行为被统称为"欲望"。

同时，佛教中也提到"爱欲（身体的刺激）如同骨头一般"。这到底是什么意思呢？大家要想理解的话，就必须听释迦牟尼的解释。佛陀是这样说的。

在一条饿狗面前扔一根刚杀的家畜的骨头。这根骨头上的肉基本上都被剔除干净了，但还是血淋淋的。这条饿狗就会闻着这个味道，并把骨头衔在嘴里不肯放下。但这样做，这条饥肠辘辘的狗真的可以吃饱吗？肯定没有，因为骨头上根本没有肉。饿狗纠结于鲜血的味道而不肯放弃，只是徒增痛苦而已。

释迦牟尼认为，尘世的肉体刺激和故事中那根鲜血淋淋的骨头是一样的，只是一丁点的快乐而已。狗舔了骨头上的鲜血确实很快乐，但只舔几下血就没有了，饿狗还是饿狗，还是空着肚子，并且越嚼骨头越会觉得痛苦。就像这样，"爱欲"只能带给人疲劳，却无法令人满足。

所以我认为，欲望使人"失远多于得"，我们要做到摒弃欲望，也就是摒弃"肉体至上主义"。

佛陀的比喻①：叼着肉片的鹰

下面，我还要举一个雕的例子。

雕夹着肉片飞上天空，引来以肉片为目标的雕群的攻击，这个雕处于危险之中。但是，这只雕想着"这是我的肉片，我谁也不给"而死死抓住肉片不松开，结果被别的雕杀死了。

雕是不能边飞边吃的，所以那只雕满足于获得肉片的快乐，结果却为肉片而死，真是非常愚蠢的行为。聪明的雕会把肉片扔掉，保全自己的性命。

佛陀的比喻②：手举火把，逆风前行

同时，还有一个关于火把的比喻。

想象一下，我们用草做成火把，点火后走夜路。但是，当迎面的风呼呼吹来时，火焰吹向了自己。我们为了用火把照明，结果却使自己被烧伤。

欲望与肉体至上主义其实就是这么一回事。得到的很少，失去的却很多。所以，佛陀希望人们能够抛弃欲望。

佛陀的比喻③：欲望如火坑般恐怖

此外，释迦牟尼还说，"肉体至上主义"的危险就如同人们正在被推入火坑一般。

假设一下，你的面前有一个火坑，坑中炭火熊熊燃烧。那些不想经历不幸的人正在被力量强大的人推着，随时有被推入火坑的可能，这些人会是一种怎样的心情呢？因为不想经历不幸，所以那些人会害怕地马上逃跑。

刺激肉体、活在欲望的世界之中沉沦下去的人们，就如同正在被推入火坑之中一样恐怖。

佛陀的比喻④：梦中的丰饶

"肉体至上主义"宣扬的快乐，就如同梦中的丰饶一般。

想象一下，一个人梦见了美丽的海，美丽的公园。结果一睁眼发现，自己待在一个破破烂烂又荒凉无比的地方。

"肉体至上主义"的快乐，就如同这些梦境一般。做梦的时候以为自己在吃大餐，只是感觉自己吃了大餐一样快乐，实际上什么都没吃到。

佛陀的比喻⑤：用借来的东西装点自己

下面这个例子非常有趣，是有关用借来的东西装点自己的。有人用借来的华服与首饰出席婚礼等重要场合，在人们面前表现得像个富豪一样。结果周围的人对那人说尽好话："真厉害啊！这条项链要上千万日元啊！这个戒指肯定也很名贵吧！"事实上，这些东西是借来的。这个人只是为了虚荣而表现得像个有钱人罢了，他欺骗了大家。

但是，那个借出华服和首饰的人就站在那个人身边。在这些东西真正的主人面前接受大家的奉承是怎样的一种心情呢？会觉得又羞愧又可怜吧。

欲望就和这种借东西来装点自己的行为一样。

佛陀的比喻⑥：执着于树上结的果实

还有一个关于旅人爬到果树上的比喻。

一个肚子饿得不行的旅人看到远处一棵树上结满了果子。于是他爬上那棵树摘下果子，在树上开开心心地吃起了水果。这时，又来了另一群人。他们也看到了那颗结满果子的树。于是，为了吃到果子，那群人砍倒了树。

树上的旅人在吃水果的时候是很幸福的。但是，他执着于水果不肯从树上下来，最后只好死了。因为后来的人们用斧头砍倒了树，那个旅人摔死了。

所以，旅人不应该纠结于肚子饿、水果好吃等事情，而应该赶快从树上下来。若是执着于爱欲便会遭遇不幸，所以要摒弃一切执着。摒弃一切欲望才能找到通往幸福的道路。

像这样，无论是看到的还是听到的，都是要摒弃对万物的欲望，进入一种"舍"的状态。所谓舍，就是"内心平安的状态，没有执着、很和谐"。佛门弟子摒弃了执着，为的是养成一种超越的舍的状态。

摒弃执念，获得幸福

接下来，我想用释迦牟尼的言说来总结一下前面的内容。

在道德上有罪过的人，是因为他对于外部世界有一种病态的依赖情感。但是，外部世界并不能给人带来幸福。一般人不会犯这种道德上的罪过，但是依靠说谎挣钱的人就有这种病态的依赖症。

所以，我们首先要做到的是严守道德。从那一刻开始，人生就会变得又幸福又有意义。若能拭去造恶业的心上尘垢，便能感知到内心清明和幸福。并且，还能不被身边的事情牵绊，快乐地生活。

这就是释迦牟尼倡导的活法，不论刮风下雨还是下雪都能快乐的活法。出家人手捧托钵化缘，不论能不能化到饭食，内心都会很平稳，幸福不会消失。因为他们的快乐不依赖于世间的任何事物。

依赖于世间的事物不仅不能让人幸福，而且会增加人的束缚、烦恼与痛苦。

如果人们能够感受到正确的幸福与喜悦，他们的心便会更加自由。然后，成长为一颗没有任何执着的心，获得完全的幸福。

但是，这一点非常难做到。所以首先，我们有必要循序渐进，慢慢实践。严守道德与戒律是最简单的。其次，为了不说谎，就要摒弃与之有关的所有执着。因为这是摒弃执念的训练，循序实践释迦祖师的教诲，才能彻底摆脱执念。

走这样的路，才是有意义的活法。

让心清明并非利己之举

有意义的活法主要就是以上几点，现在我想说一些附加的内容。我想向大家提一个这样的问题："我能让大家幸福吗？"

因为到目前为止，我们感受到的都是如何让自己幸福。

但事实并非如此。让心清明，并非只是让自己一个人幸福的利己之举。只考虑自己幸福的那种人，他们以自我为中心，这种活法并不能真正让自己幸福，还会给身边的人带来许多麻烦。

但遗憾的是，尘世的人们往往只考虑自己的事情，导致最后建立了一个充满痛苦、矛盾、不公平的世界。

只考虑自己的人们，正在给世界上的其他人增添烦恼。

但是，如果我们能践行让心清明的行为，就不会给身边的人带来烦恼。让心清明的方法，是一种怀着对一切生命慈爱的活法，是一种对自己对他人都有意义的活法。

不说谎，就不会给大家带来烦恼，不是吗？同理，如果不非议别人，不就能帮助别人吗？不偷别人东西，不也是帮助别人吗？若是世界上不说谎、不偷盗的人越来越多，那这个世界不就会变得更幸福了吗？

我们每个人都为了拭去内心的尘垢而进行努力，这便是一种对于一切生命的慈悲之情。人是一种不断学习他人的生物。有一个内心清明的模范人物，大众便会向那个人学习，从而获得幸福。所以，佛陀所说的正道，并非只考虑自己幸福的利己主义，也不是不管自己的事，仅向他人说教的利他行为。幸福之下，没有利己利他之分。

佛教能带来幸福

通过抑制欲望、愤怒、憎恶与嫉妒等情感来让自己与周围的人获得幸福的方法，令人觉得安心。

对公司的同事怀着憎恶，是不能过上安稳生活的。所以，行走在佛教的正道之中的人都能获得幸福，他们还能将自己的幸福之光洒向别人。我们自己的心必须由自己来善养，然后通过善养自己的心，使他人不会陷入不幸，并能给予他人幸福。

所以，理所当然地，一个人的修行关系着许多人的幸福。只要他修行，便能给其他人带来快乐。重要的是，我们自己的内心必须由自己来保持清明。即使别人请我帮他的心保持清明，我也不知道该怎么办才好。

所以，要通过自己让大家都能获得幸福。我们从培养自己的慈悲情怀、不轻易发怒、严守道德的一瞬间开始，便能理解幸福的定义了。因此我说，医治心病才应该是每个人的人生信条，否则的话，世间就不会有幸福可言。

简单来说，解决人类问题之道，并非释迦祖师口中的"道"。

第六章

每天都是好日子

不沉浸于过去

过去是道枷锁

什么是"每天都是好日子"的活法呢？在这里，我必须要具体说明一下。

社会中，大家都按照各自的方式去奋斗，努力过上自己心目中的"好日子"。但仅仅是这样子的努力还是不够。

为什么？因为我们每个人的生活方式都是不同的。

举个例子来说吧。有人靠借钱过日子，某一天他借到了钱，可能心里就会想着"今天真是个好日子"。但是对被借走钱的那一方来说，今天就不是好日子了，而且可能是最倒霉的日子。又比如说，到了捕鱼的旺季，渔夫们也许觉得"每天都是好日子"，可是鱼儿们就遭殃了，而且大肆捕鱼会造成海洋资源急剧减少，会破坏大自然。所以这种好日子是行不通的。

所以，我们要找到一个真正的"好日子"活法，这个活法与我们个人头脑中的"好日子"完全不同，按照这种活法去生活，我们才能过上真正的、纯粹的好日子。

而要做到这一点，老和尚告诉你，关键就在于：不被过去牵绊。不要回忆过去，不要沉溺于过去，不要被过去的枷锁困住。

也许并没有人注意到这一点，也没有人刻意地去注意。但我们每个人确实都被过去的枷锁牢牢锁着。

被过去牵绊是件非常可怕的事情。这会让你的头脑里充满了过去的一切而无法直面现实，无法在现实生活中生存。

被忽略的现在

让我们先从"过去是什么"来开始学习吧。

为什么要从"过去是什么"来开始学习呢？因为如果我直接告诉大家不要被过去所牵绊的话，必然会遭到大家的反驳，大家会说过去的事情不是那么容易就能忘掉的、过去的事情非常重要等。

因此，我要从这个"必然"的想法开始反驳。

所以，首先让我们来弄清楚一个问题，问一下自己过去到底是什么。也许我们都理所当然地认为我们每个人是有过去，也有未来的。

一般而言这种想法正常吧？大家会认为，我经历了这样那样的事情走到了今天，这就是"过去"。

同样，大家也认为自己是有未来或者将来的。经常有人梦想着"今后要按照这样的计划去生活"，对未来怀有很大的希望。

然而令人惊讶的是，所有的人几乎都没有"现在"这个概念。这就出问题了。很多人对"现在在做什么"这一点毫不关心。我们把"现在"浪费掉了，结果导致我们的"现在"很混乱、很失败。这样一来，不就导致"过去"和"未来"都一团糟了吗？

把时间花在"现在"上

让我们来做个简单的试验。

首先，设想一下你人生中的某一个小时。比如说9点到10点之间，什么时间都可以，上床睡觉之前的一个小时也可以。

在这一个小时中，多少时间是用来回想"过去的事情"？

在这一个小时中，我们可能会考虑很多事情，会做很多事情。

请大家自己仔细认真地检查一下，在这一个小时里，有多少时间你的心被"过去"占用了呢？如果认真仔细地检查，就会发现这种检查其实很难。你的大脑有多少时间偷偷跑到"过去"那里去了呢？

还有，我们又耗费了多少时间来考虑"未来的事情"呢？

在这一个小时中，用在"担心将来的事情""计划将来的事情"上的时间总计有多少呢？你的大脑又有多少时间偷偷跑到"未来"那里去了呢？

那么现在，请大家好好想一想，我们实际用在"现在"上的时间又有几分几秒呢？

有人曾经对人们"在那一个小时里，用来考虑现在的时间有几分钟"这个问题做过调查。

调查结果是，事实上，我们人类活在当下的时间只有几分钟，甚至只有几秒钟而已。想一想大家进被窝时的感受就知道了，大部分人会想"好了，睡觉吧"，应该没有人会想"枕头躺上去是什么感觉""床单是什么味道""被子摸上去是什么感觉"这些东西吧？

也就是说，在我们的世界中，根本不了解"现在"。

直到睡着之前，我们的脑子里全都是"今天发生什么什么了""明天要干什么什么"等与"现在"无关的事情。实际上，我们一躺上床，花在"现在"上的时间连两三秒都不到。

因此，也就是说，即使我们的身体已经躺在了床上，脑子里也都是些乱七八糟的东西，根本得不到好好的休息。所以我们的身体其实也得不到彻底的放松。不信？大家都来想一想自己躺在床上时的状态就清楚了。是不是睡着之前的这一个小时里，我们用在"现在"上的时间连一两秒钟都不到呢？应该是吧。

妄想

除了一部分时间被"过去""未来"挤占了以外，我们还有很大一部分时间会被"妄想"占用。

也就是说，我们的这一个小时，不仅仅被浪费在"过去"和"未来"上面，而且还被与"过去""将来"和"现在"都无关的"妄想"占据。

为什么我要举出与"过去"和"将来"都无关的"妄想"这一项呢？因为这是人普遍具有的精神方面的疾病。"妄想"与"过去""将来"都没有关系，只不过是妄想。难道不是这样吗？"那个人不喜欢我""那个人对我好像有意思"，等等，我们的脑子里尽是些胡思乱想不着边际的东西。

妄想是一件非常危险的事情。世界上一切精神疾病的原因，总结起来只有一个，那就是"妄想"。

现代心理学并没有关注"妄想"这种现象，而是给这种病症安上了其他各种各样的病名。我想，精神医学界关于"妄想"说不定有十万到二十万种病名。病人来看病，医生就会给那个人安上一种疾病名字，告诉他，他是什么病症。世界上的医生所做的也不过就是给你安上个病名。然而从佛教的角度来分析，即使医学界有关精神方面的疾病有上亿种，根本原因也只有一个，那就是"妄想"。

所以不妄想的人开朗、活泼，精神状态好。心理健康的人精力充沛。他们的生活方式充满了令人难以置信的活力。只要没有妄想，人们的生活就可以变得充满力量。

所谓"妄想"，其实与"过去"和"将来"都没有关系，与任何事情也没有关系，那都是虚无缥缈的东西。在这一个小时里，我们回忆过去，梦想将来，有时又凭空妄想。结果时间就这样被白白浪费掉了。所以，我们还有时间考虑现在吗？没有了吧。

大家好好看看吧，我们既有"过去"又有"将来"，甚至有与时间毫无关系的"妄想"，但唯独没有"现在"。

过分重视过去，丢弃了现在

我们都被"过去"洗脑了，我们丢失了"现在"。

我认为，没有什么事情能比"没有现在"更为不幸的了。"没有现在"是一件极其危险的事情。

请大家想一想自己开车时的情形。开车的时候，如果脑子里胡思乱想一些过去或者将来的事情，或者脑子里充斥着妄想，那是多么危险的一件事情啊。所以，我们应该全心全意地开车，只有时刻关注现在的情况，才能做到安全驾驶。

人生也是如此。若是我们想要拥有安全、幸福、成功的人生，就必须集中精力，专注于现在，并付诸行动。沉浸在"过去""将来"和"妄想"之中，对于那些想要在现实生活中取得成功的人来说，真是一点用处都没有。

然而想要真正做到这一点却很困难。原本应该是一件很简单的事情，我们被"洗脑"之后，就变得异常艰难。也许大家会说"根本没有那回事儿""我并没有被洗脑"。实际上真正被洗脑的人心里都会认为自己没被洗脑。所以还是让我们简单地来看看"被洗脑"是怎样一回事吧。

学问也是过去的事

现代社会，学校的教育，无论是经济学，还是政治学，讲的都是过去的话题。

我在学校学习政治学的时候，也往往是以过去的故事作为开头的。我听过一次政治学的课，听完之后我甚至认为，以过去的故事开头，还不如干脆以圣经故事开头呢。

过去我一直认为：现实世界中的政治系统是世间的东西，所以神不会插手。然而起源于英国的政治学却往往以"神赋予了国王权力"这样的神话故事开头。政治学的基础竟然是如此纯粹的谎言。世界以这样的政治学作为理论依据，难怪会变成今天这个样子啊。

提到经济学，大家一定会认为这回肯定是纯粹的现实了吧？然而只有当我们真正接触了经济学这门课程之后才会知道，非常遗憾，经济学给你讲授的也是经济史之类的"过去式"的东西。

所以也就不难理解，为什么现代经营者们都无法做到合理完善地经营管理了。我认为有些企业经营管理不善，都是因为经营者没有接受过"如何现实地观察经济社会"这种训练。如果经营者管理有方，又怎么会陷入经济萎靡不振的境地呢？所谓的合理经营，不就是避免公司财务出现赤字吗？

当然我们也不能否认社会上存在这样的经营者，他们在公司破产了之后选择重新创业，并且认真分析总结出怎样的经营系统才能与最新的经济学理论相适应。当然，人人都可以做到分析过去的事件，但我们真正需要做的，还是解决现在的问题。

所谓经营，我认为，就是应该能够促进公司、社会和经济发展的活动。然而很遗憾，经济学这一门学问并没有为现代企业的实际经营活动起到任何作用。

当经济陷入低迷的时候，经济学者们在做什么呢？他们会研究过去的情况，然后得出的结论往往是：一百年前发生过这样的情况，六十年前也发生过同样的情况。所以这次也完全没有问题。

然而事实上，完全不是没有问题这么回事。

一百年前的事情，怎样都无所谓。因为一百年前和如今的社会差别多大呀！尽管如此，经济学家们还是只会抱着厚厚的文献资料，研究"两百年前发生了什么事件"，研究这些过去的东西，成果再怎么丰硕，又有什么用处呢？

如果换作是我的话，我一定会问一问这些学者："现在我们该怎么做呢？大家都知道该怎么做吗？"恐怕得不到明确的答案吧。不信的话，大家可以试一试，去问一问日本一流的经济学者，问问他们："您有什么看法？现在我们该怎么做？"我觉得，你应该得不到答案。

对过去，大家都研究得滚瓜烂熟。但是，对过去研究得再通透再清晰，不放在现在的环境里解决现实问题也没有任何意义。因为谁也不能说我昨天已经吃过饭了，所以今天不用再吃了。这就好比说，有人被公司开除，他绝对不会说："过去二十年一直有工作，所以现在被开除也无所谓了。"过去确实累积了二十年的工作经验，但问题是"现在"的他有没有工作。如果现在失去了工作，这就是个大问题。现在的我们吃不上饭了，这个月的房租交不出来了，这就是个很严重的问题。但是我们的大脑总是习惯性地考虑过去的事情，而不能正视现在。

年轻人的大脑特别喜欢考虑将来的事情。随着年龄的变化，大脑中"过去"和"将来"的比例会发生变化。十几岁的年轻人没有什么过去，所以脑子里大部分想的都是将来。

等上了年纪，中老年的时候，这部分将来的内容就会逐渐被过去所代替。我们花在"过去"和"将来"上的时间是随着年龄变化而变化的。这是多么随意的一件事啊。

如果我们真的那么重视过去的话，就应该规定思考过去的时间和内容应该占思考的比重百分之几。如果确实重视将来，就应该规定思考将来的比重又是百分之几。应该这样划分得清清楚楚，不是吗？然而事实并非如此。随着我们年龄的增长，将来的时间会逐渐减少，被过去取代。所以说，如果真到了"没有将来"的那一天，也就离死不远了。

无论我们考虑什么事情，都难免被过去所牵绊，而无法直接面对现实的本身。事实就是这样。我们对于现实的问题，总是手足无措。

大人关于"过去"的错误会影响孩子

刚才，我们谈到了"过去的故事"这个问题，相比之下，"过去的故事"这个现象还算是好的。大人给孩子讲故事，开头就说"很久很久以前，有一位老爷爷和一位老奶奶……"孩子们还觉得很有意思，瞪着大大的眼睛认真听着。但孩子们也只会觉得这个故事很有趣，知道这不是一个真实的故事。因此并不妨碍孩子成长。

然而到了现代，情形开始变了。孩子们开始误认为漫画和动画片里演的都是真实的。

与过去大人讲的故事不同，小孩子现在看的漫画故事在时间上设定的都是现代，并不是过去。漫画里的故事没有一个是现实的，唯独把时间设定在现在。《哆啦A梦》等漫画里的主人公都生活在现在。因此小孩子不容易判断出"这些都是假的，是不可能的"。如果这种时空混乱的状况长期存在，就会导致孩子们精神不正常。久而久之，他们会变得情绪容易波动，因为一点小事无法释怀就杀死同伴等令人费解的事情也就会出现了。

动画片本身并没有什么错，但把动画片的时间设定在现在就很让人困扰。如果我们能让孩子们懂得现在没有这种事，现在是另一种样子，过去才是这样的，多好！我们看到的现在的孩子精神上的各种问题，大部分是因为这个错误的时间设定而引起的。

如果把漫画和动画片的时间都设定为过去，孩子们就会明白这些都是假的。虽然是假的，但因为很有意思，所以去看。然后，他们在看的过程中学到很多东西，一点一点地成长起来。

然而大人们却犯了一个大错误。大人们的这些错误想法，甚至会令孩子们感到可笑。大人们首先假设"可能有某某事物"，然后再去调查研究，甚至妄想。

大人们总认为，过去那些神话故事里提到的东西，说不定真的存在。考古学家们不就是这样吗？多年以来，考古学家们一直在锲而不舍地寻找诺亚方舟。可是，据我所知，好像还是没找到吧。

圣经里的"上帝创造了人类"的说法之所以被流传到今天，也正是因为这样的原因。尽管当今科学已经发展到这样的高度，但"上帝创造了人类"这种理论仍然存在，并且影响着一代又一代人。世界上每天都在发生各种各样的战争，无论从哪个角度来看，都与宗教有着不可分割的关系。

其实，这种错误的念头在我们每个人的脑中都存在着。我们总认为，过去神话故事里的事物，说不定就真的存在于这个世界上。

被我们忘掉的东西很危险

老和尚觉得，很多重要的东西都在被我们渐渐遗忘。让我按顺序列举一下吧。

①生命是短暂的

请大家记住这一点：人生苦短。每一秒钟都在瞬间就流逝了。生命，每一秒钟都在缩短，我们没有时间游戏人生啊。逝去的每一秒钟都不会再回来。无法重复，无法倒带，无法再来。

那些认为"人生可以从头再来""人生可以重新来过"的人们，都是大错特错。没有时间可以供我们浪费。

假如一个人活到50岁，做过很多恶事，然后有一天发誓要重新再来，可是他已经多大岁数了啊？

大家千万不要像他那样啊，活到一把年纪了才想要重新再来。有的人年轻的时候不好好学习，等到了50岁突然发现学习的重要性，可是那时候再回学校学习，还有意义吗？虽说80岁也可以上大学，可是五十多岁的老头子去面试，被其他二十多岁的小伙子挤掉，太正常不过了。

人生永远没有回头路。人生别无选择，只能向前走。

请大家一定要记住：人生的每个瞬间都只有一次。

可是如此珍贵的时间被浪费在思考和妄想上了，我们并不曾好好珍惜。时间如此弥足珍贵，我们却在妄想，完全被浪费了。结果是，我们就像"从来没活过"一样。

②忙碌都是错觉

大家平时嘴边经常会挂着"忙啊，忙啊"，"忙"已经成了口头禅。可是我要大家记住，其实"忙"都只是一种错觉而已。

无论什么时候，一个瞬间都只能做一件事情。无论什么时候，此刻的一分钟、一秒钟，能做的工作都只有一个，无法同时做两件、三件甚至更多的事情。

比如你现在，满脑子想的都是过去或者将来的事情，或者一直在妄想，那么就没法做应该做的事情。脑子里总想着过去，手上的工作就会停滞下来。你自己是不是这样呢？无论是写文章的时候，还是喝茶的时候，一旦脑子里想着过去的事情，手就会自动停下来。

会产生这种结果的理由就是，我们在一定的时间里只能做一件事情。也有人可能会说，我可以做到"一边喝茶一边讨论过去的事"啊。但其实，这是做不到的。为什么喝个茶需要几十分钟的时间呢？喝茶这件事本身不需要几十分钟吧。实际上，人们是喝茶的时候一边聊天一边妄想，时间都花在这上面了。

在一定的时间里，人们只能做一件事情。回忆过去，妄想，都是一件事情一件事情地做的。所以，我们的时间在不知不觉中就没了。

还有人经常会说"过一会儿再做"。这样也不好。

我们潜意识里总会想着"这个等一下再做吧"，于是把本来应该现在做的事情一推再推，而把现在的时间都用来妄想。

可是下一个瞬间还有其他的事情要做。该做的事情总是源源不断。把现在的工作推到下一刻，可是到了下一刻又会出现下一刻该做的工作。这样一来，同一时间里就出现了两项不得不做的工作。那个瞬间，可以同时完成两项工作吗？当然不能。我们只能选择一项。如果把那个瞬间里的工作也向后推，那么再下一个瞬间就会出现三项工作。然而我们能做的还是只有一项工作而已。

于是，这样的人现在手头就会有两项工作——前一个瞬间没做的和现在本应该做的。可是他只能选择做其中的一项。所以，他会感觉很忙，感到烦躁。这样的人生注定无法成功。

"忙"只是一种错觉。现在感觉到忙，是因为你之前偷懒了。你偷懒的时候，流逝的时间就再也无法找回来了。

举个例子。假设一个人很忙，所以没来得及吃早饭就出门上班了。你想想他接下来还会有时间吃早饭吗？他这顿早饭恐怕永远也吃不上了。我们错误地以为他可以在中午的时候补吃早晨的量，其实这根本不可能。因为人能吃下去的一顿午饭量是固定的，胃不可能因为早饭没吃而变大。

吃饭的事儿也许并不是什么大不了的事儿，可是如果是在工作中，这个没来得及做，那个也没时间弄，就麻烦了。所谓"忙"，就是在一定的时间里大脑被多项工作同时占据。然而，一个人同一时间能做的事情只有一件。因此人会觉得忙，会变得焦虑不安，结果造成现在手头的工作也做不好。

所以，"忙"这个概念根本说不通。如果一个人总是觉得很忙，只能说明这个人的脑子不够聪明。

③人是不会死的

我们大家身上还存在着另一个问题。那就是我们都很天真地认为自己不会死。请大家认真地想一想，思索一下，就会发现其实我们大家真的是以"我不会死"为前提活着的。

可能大家都会告诉我说："没有，根本没那么回事儿！"

但是，事实不会因为一句话而改变。我请大家扪心自问一下："你觉得自己会死吗？"我们无法欺骗自己的心，我们就是以"我不会死"为前提活着的。

我要告诉大家的是，"我不会死"这一点并不是现实。这明显是个谎言。只要大家客观地去思考，就能马上明白这个道理。然而我们的心，却从来没有承认过这一点。

比如，我们会梦想，会计划，会规划五年、十年甚至十五年以后的事情。之所以会设定目标，就是因为有我们认为"我不会死"这样一个前提。大家要记得，我们再怎么花费时间去制订计划、设定目标，其实真正需要实行的只有"现在"而已。"现在"的状况改变了，就不得不相应地调整将来的计划。所以基本上没有什么计划是可以完全照着做、按部就班地进行的，这根本就是不可能的事情。

但这并不是说制订计划这件事本身有什么问题。我们完全可以大体规划出一个架构或者计划，然后确定今天应该做些什么。只不过，一旦实行起来，情况就会不断改变。我们必须随着情况的改变而相应地调整原来的计划。可是很少有人能真正做到灵活自如吧？大部分人都是顽固地、强硬地、竭尽全力地去执行原来的计划。这样一来，就无法做到顺应变化来调整或改变计划。世界上的人都非常顽固。为什么会这样呢？那是因为大家都认为"我不会死"。

我们认为自己不会死，于是就毫无顾忌地追忆过去，畅想未来，甚至妄想，直到中毒。如果人真的不会死，那么无论中毒多深都没有关系。可是我们为什么还是会说中毒很可怕呢？那是因为中毒之后，人最终必然死去，连挽回的余地都没有。

那些以"我不会死"这个前提活着的人，无论怎样追忆过去，怎样妄想，心里都没有一点不安。即使是不切实际地幻想将来，他也毫不在意。如果你提醒他："现在的工作还没做吧？"他会满不在乎地回答你："没关系，以后再做呗。"如果你问小孩子："你们怎么不去学习呀？"想必他们会这样回答你："以后再学。"

这都是因为这些人不懂"人生没有以后"这个道理。认为自己不会死，所以就认为还会有没完没了的"以后"。认为生命无限、时间无限，这是一个非常严重的错误，有这种想法的人头脑相当愚蠢。

沉溺过去、不着边际地幻想未来、妄想至中毒的程度，这些都是在浪费我们的时间。妄想，其实与吸毒一样，一旦服下，就会上瘾，永远无法摆脱。最终的结局是把自己逼到绝境，变成废人一般。

搞清楚什么才是真正的忙

"忙"这个词本身是可以用的。假设你正在打电话，对现在而言，这就是很重要的工作。如果这个时候又有别人求你做什么事情，你可以说"我很忙"。因为你没法同时做两件事情。打电话的时候，你的孩子跑过来问你这道题怎么做，你能一边打电话一边讲题吗？你能在同一时间内同时思考两个不同的话题吗？完全没办法这样子做吧。要给孩子讲题，就只能挂掉电话。如果继续讲电话就只能过一会儿再给孩子讲题了。在一个时间里，人只能做一件事情。

假如说，你现在正在做一件非常重要的事情，而这时别人让你帮忙做一件并不重要的事情，这时你完全可以拒绝他说"我很忙"。在这种情况下可以用"忙"这个词。

我们脑中充满了妄想，抑或被过去牵绊、被过去洗脑，无法把握住当下这一秒，所以人生才被浑浑噩噩地虚耗。我们回忆着过去，参考着过去，满脑子妄想，以至于现在手头的工作一点都没有做。工作无法完成，就会积攒到一起。并且，我们会发现自己根本找不到多余的时间来做这些攒下来的工作。虽然计划着把这些工作推后，但是因为根本没有时间，所以无论怎么打算都没有意义。

过去的永远都回不来

有些夫妇，结婚的时候因为没有钱又没有时间，所以没能举办婚礼。如今，二十五年过去了，两个人都到了五十岁左右的年纪。为了庆祝银婚纪念日，丈夫决定重新举办一次婚礼。于是给妻子穿上了婚纱，甚至蒙上了面纱，两个人来到了教堂。可是再怎么打扮，妻子也找不到二十几岁时做新娘子的感觉了。旁人甚至会觉得害臊："这个男的干什么啊，也不看看自己多大岁数了。"妻子看见丈夫如此费尽心思，也许表面上会装作很开心，实际心里也未必真的高兴吧。所以这根本没什么意义啊。

过去的事都无法重来。今日事最好今日毕。如果做不到这一点，那就只能永远地错过了。

活着，机会只有一次

活着，就是"仅此一次的机会"的连续。此刻的机会结束，下一个机会来临，然后又是下一个机会。"仅此一次的机会"就这样连续不断地延续下去。平日里，我们常说"活了十五年"，实际上是说在这十五年之内的每一秒。这每一秒，都是"仅此一次的机会"。

这十五年里，即使每天都吃早饭，也不是对同一件事的重复。今天的早饭就是今天的，是"今天"这个时间里独有的概念。到了明天，自己变成另外一个人，长了一天的年龄，一切都发生了改变，而"明天的早饭"也就与今天的完全不同了。

人生就是无数机会的连续出现

请大家一定要注意这句话。说"仅有一次的机会"，有人可能会误解成"机会仅有一次"。但并不是这样。"仅有一次的机会"是指，机会一直在连续出现，只是每个都不相同。

答题节目里有一条这样的规则：答错三道题就失去比赛资格。也就是说，第一道题答错了，还有资格继续回答第二道题。但第二题的题目已经不同了，所以"第一题答错了"这个事实并不会改变，也不会因为答对了第二题，就把答错的第一题也算成对的。人生就像这样，我们总是"仅有一次机会"。

我们再回来说一说那些以"我不会死"为前提活着的人。这些人在应该工作的时间里没有工作，不断失去生存的机会，虽然嘴上一直说"以后再做"，实际上根本没有"以后"。

懒惰的人

"懒惰的人"，请大家记住这个词。在佛教里，经常说"放纵"这个词，就是"懒惰、怠惰"的意思。人们经常说，"放纵的人，跟死人没什么两样""放纵的人，败给自己的人生"。还有人说，"放纵的人永远是失败者""放纵者是败北者"等。

"懒惰"究竟是一种怎样的状态呢？

大家没必要费尽脑筋去想象。"懒惰"其实很简单，就是一种拖拉的性格，把本应现在做的事推到以后去做。

比方说，本来应该一清早就做大扫除，可是自己却拖拖拉拉，"一会儿再做吧。"这就是懒惰。再比方说，吃完饭不马上洗碗，拖到以后再洗，这也是懒惰。以后再做，单单这一点就可以判断是否懒惰。

把该做的事推到以后，那现在的时间在做什么呢？现在的时间都用来忙着妄想了。吃过晚饭后看看电视啦，聊聊天啦，总之，都是在妄想。因此，就把洗碗拖到了以后。等到第二天早晨想做早饭的时候就会发现，水池里都是昨天没洗的碗筷，于是不得不动手开始洗碗。这样一来又耽误了做饭的时间，对自己和周围的人都造成了不便。

我们每个人身上都会存在懒惰这样一个严重的问题。为什么会出现懒惰这个问题呢？那是因为我们认为所有的事情都可以留到以后做。而事实却是，即使到了以后也没法做。人生如此短暂，同样的机会只会有一次。

把不得不做的事情放在最后做

还有一种现象，是把有意思的事情放在现在马上就做，而把不得不做的事情拖到最后做。这其实也是一种"懒惰"。

我举个例子，大家就比较容易理解了。玩耍啦，打游戏啦，孩子们都是现在马上就做，而作业都是放在最后才做。孩子先是只顾着玩，等到晚上九点多玩累了想睡觉时，才想起来还有作业没做完。可是这时候已经困得不行了，没法做作业。所以，在这一点上，我们大人应该要花点心思让孩子明白"今日事，今日毕"这个道理，因为根本没有"以后"可言。

小孩子出了问题还有大人来管理。可是换作大人，这种现象就危险了。因为没有人来管理大人。有些大人习惯先做一些自己感兴趣的事，而把必要的、不得不做的事放在最后，并且根本不觉得这样做有什么不妥。

而这其实也可以说是一种"任性"。

大家是否意识到，人类一切的问题其实并非是孤立存在的，这些问题都是相互关联的？单拿出"任性是不对的"这一点来说，实际上就把这个问题孤立出来了。现在，让我们把所有的事件都关联起来看一看。

比方说，现在正在玩弹钢球游戏，一会儿要去超市购物。如果之前玩弹钢球玩得太高兴了，不知不觉中玩了几个小时，那么等去超市的时候，也许再过五分钟人家就关门了，没有买东西的时间了。这一天，我们就不得不接受没买到东西这个事实。没买到东西，也许因此吃不上晚饭，也许只能吃之前剩下的东西凑合一下，也许只能吃泡面，总之，就是一种遭受损失的结局。

人总是习惯把轻松快乐的事情放在现在做，而把本应该现在完成的必要的事情放在最后，还贴上"讨厌的事情"这种标签。人真是奇怪呀。在人类眼里，必要的东西都是"讨厌的"。人类的这种性格就是任性。人生本来没有"以后"可以拖延，却要把讨厌的事情留到以后，这就是任性。这种任性，正是因为有"我不会死"这个前提，才会出现的。

所以说任性也是一种懒惰。

排好先后顺序

然而在工作中，有些人喜欢把手头的事情排好先后顺序，把不重要的事情放在最后去处理。这种情况下，即使最后真的来不及处理那些事情，也不能称作懒惰。

按照重要程度将工作排序，最重要的工作现在马上就做。这样一来即使到最后只完成了两项工作也没有关系。

我也经常给工作排序。比如说有三本书都等着截稿，这时我会看看哪本书的截稿日期最靠前，哪家公司的企划书最急，排出一个先后顺序来，按照顺序来做事情。因为我只有一天的时间，在时间上无法把三本书都完成。所以我只能从截稿日期最靠前的书开始处理，如果时间和精力还有剩余，再处理剩下来的书和稿件。

这样一来，即使我没能完成第二本书，我也没有偷懒。因为我没有把喜欢做的事情放在最前面，把讨厌的事情放在最后做。

我在按照逻辑思考。一定的时间内只能完成一件事。哪怕给我安排了三件事，我也只能完成一个。所以这种情况下就要排好先后顺序。并不是把三本书的封面都翻开，觉得这本书好像挺有意思就从这本书开始处理。哪怕对书的内容再不感兴趣，只要它的重要程度排在前面，就需要优先处理。这种有先有后的处理方法并不是懒惰。

俗世间和佛教对"懒惰"的定义不同

到这里为止，我们已经借助释迦牟尼佛的超级智慧，讨论了俗世间所谓的"懒惰"。下面让我们从不同的角度来看一看"懒惰"这个词。

让我们从"俗世间的定义"和"佛教的定义"两个角度来看一看什么是"懒惰"。

俗世：没有完成现在应该做的事。

佛教：没有意识到此刻瞬间的自我。

在俗世间，人们把那些没有完成现在应该做的工作的人叫作"懒惰者"。然而在佛教，即以出世的观点看来，这种定义并不准确。如果你学过"意识冥想"就会明白。在佛教看来，并不因为你干劲十足地工作就说你很努力。即使有人干劲十足地工作，赚了很多钱，也并不能说明他不是懒惰者，相反，有的时候甚至还会说这个人是懒惰的人。比方说，国家总理的每天都是以秒为单位来计算的，公务相当繁忙吧？但佛教中仍然会说他是懒惰者。佛教中对于"懒惰"的定义，与俗世间截然不同。

甚至佛陀在涅槃之前的最后一句话里也提到了"懒惰"。

释迦牟尼佛四十五年说法度人，涅槃之前最后的一句话提到了"懒惰"，可见"懒惰"是多么关键的一个词。这个涅槃前的遗言才可以被称作是"不懒惰"的。

释迦牟尼佛的遗言是这样的：

众比丘们啊，我有话要跟你们讲。

世间所有的现象都将无常消亡，请大家精进修行，莫要懒惰。

到此为止我所讲的东西，全都包括在这一句话里。

万事万物都在一瞬之间不停地变化着。无法再生，无法重来。因此我们要把握住"仅有一次的机会"。

释迦牟尼佛在最后想要告诉大家的就只有这一点。

钟表上的时间不能代表过去

所谓的"过去"，其实与钟表上的时间无关。钟表不过是计时的器具。请大家不要考虑钟表上的时间，让我们用现象来衡量过去吧。曾经发生过的、现在已经结束的、此刻并非真实存在的事情和现象就是"过去"。

我们把"以前曾经发生过，但现在不存在的事物"都称为"过去"。但所谓的"过去"，并不是钟表可以测量的时间概念，我们并不能说"几点几分"是过去。

既然如此，为什么还会有钟表呢？那是因为地球在自转，现象在变化。如果没有现象的变化，就不会有钟表的存在。

"过去"是逝去的现象

比方说大家都知道，食品都有保质期。保质期通常写着"到某年某月某日为止"的字样。如果保质期是到20号为止，那么到了20号那天，这个食品就会瞬间变质了吗？不是这么一回事吧？其实保质期是不应该用时间来界定的。如果食物变质真那么准时的话，那么到了保质期的前一秒钟，超市就应该把那些食品全部下架。但其实食物并不是在那一瞬间就变得完全不能食用了。这应该是一个过程，是从食物被做好的那刻起，一点一点地发生变化，无法再变回原来的样子。

因此说，"事物的变化"就是过去，永远回不到从前。放了两天的天妇罗永远都不会回到刚做出来时的味道。就算自欺欺人地臆想，这就是刚做出来的天妇罗，也不会真正尝到刚出锅时的香脆口感。这就是佛教里所说的"过去的东西"。

再昂贵的食物一旦发了霉就不能吃了。所以当初因为是花高价买来的食物就舍不得吃，是多么愚蠢的想法啊。人不要活在过去里。

大家只要看清现实的现象就会明白，过去的事情就不再有价值了。比如，花了两千日元买了条鳗鱼，放在冰箱里舍不得吃。等到一两周之后鳗鱼就坏掉了。如果这时再因为是高价买来舍不得扔掉而把它煮来吃，恐怕就要食物中毒了吧。

有些过去值得回忆

虽然过去的事物已经没有价值，但我们仍然可以回忆过去。这句话当然没错。然而有些事情应当回忆，有些事情却不应该再回忆。

如果过去的经历对于目前所做的事情有帮助，那么就可以去回忆。

五年前被人骂得狗血淋头，一怒之下两个人打了起来。这种情形相当恶劣。而今天又碰到另一个人说自己的坏话。这时，就应该想起曾经的不愉快经历，吸取教训不要再跟人发生争吵。而另一种情况，鳗鱼买回来之后放了一个月，坏了，不能再吃了，但是一想起是花高价钱买的就舍不得扔，这种情况就不对了。

如果要回忆过去，就要回忆那些能让我们学到东西的过去。那些对我们的人生有帮助的事情，可以回忆，作为现在的参考。

记忆是靠不住的

我们的记忆是靠不住的。

我们都想不起过去发生了什么。如今也是一样，脑筋越来越差，有时却偏偏试图回忆过去的事情，这很奇怪。我们过去所经历过的事情中掺杂了忌妒、欲望、愤怒等情感，便会在无形中打上相应的记号。而回忆过去的时候，只能回想起当时忌妒、欲望、愤怒等情绪。

小孩子在十岁那年，有一次被父母痛骂了一顿，潜意识里就把这个不愉快的回忆贴上了"父母真讨厌"这个标签。于是到了三十岁、四十岁，每每回想这件事，也只能浮现出"父母真讨厌"这种感觉。很多人跟我抱怨过父母过分严厉、不亲切、不温柔等。你说这有多奇怪啊，根本不应该发生的事情啊。父母抚养孩子长大成人，有了父母才有我们的今天。哪有一个父母会怀着狠心和恶意来抚养孩子呢？

我们的记忆相当靠不住。我们只能记住初恋情人或者一两个特定的事物，从来无法做到公正地参考过去。我们只能记住过去的一部分，其他的全都被抛诸脑后了。

如果你让一个人回忆一下自己的过去，得到的回忆肯定是相当复杂、混乱、断断续续的。也许他只能回想起来"一岁那年发生了某某事，两岁那年怎样怎样了，三岁那年又发生了某某事……"

我曾经在车站前，看见一位年轻的父亲正要领着孩子下台阶。孩子扑到父亲怀里，父亲把孩子抱了起来。孩子一定是不想自己下台阶，所以才扑到父亲怀里的。父亲二话没说就把孩子抱了起来。很温馨的场面啊。

那一刻我突然想到，等这个孩子长大了，还会不会记得当年父亲抱自己下台阶的情景呢？应该会忘记吧。可是一旦他们之间发生了什么不愉快的事情，孩子的记忆就会特别深，甚至生气地埋怨道，你看，他又怎么怎么样了吧。所以我们才说，受情感支配而回忆起来的过去，都是不够真实全面的。

我们所能回忆起的过去，其实都是被情感支配的过去，而不是受理性指引的。因此我们记忆中的过去都不够真实全面，都是靠不住的。

我们是靠感情来记忆过去的。

然而当我们被感情冲昏头脑时，往往看不清现实。情感占上风的时候，理性会消失，这时候做出的判断都是不正确的。所以说，所谓的知识，都掺杂着习惯性的偏见，不一定是正确的。

被父亲训斥的时候，我们会非常生气。那时就会忽略"父亲为什么要训斥我"这个问题。不信的话，大家可以试着问问身边的朋友。被父母训斥、责骂甚至体罚而抱怨父母的时候，是否清楚父母责罚自己的理由呢？大部分人都不知道吧，他们仅仅记住了责罚自己这件事本身。

愤怒的时候、被欲望冲昏头脑的时候、感情无法控制的时候，我们就看不清真实的世界。因此那时的记忆完全是错误的。记住了错误的事，这件事本身还有什么意义呢？

我们虽然记住了过去，但实际的过去并不是那个样子的。我们记忆里的过去并不真实。

这就是说，我们记忆里的过去都是不正确、暧昧不明、靠不住的。这些记忆没有价值，只不过是一种情感和妄想。

在这里，老和尚只想告诉大家一句话："过往之事不可追。"

佛陀说的这一句话融入了佛教的精髓。请大家好好记住这句话吧。

佛教中的六种性格

下面，我来跟大家介绍一下佛教里的性格论。

人人都有所谓的性格。

上座部佛教里，有一个传统，依据人的感情活动情况，将人的性格分为六种。喜欢钻研佛教理论的各位，请你们仔细记住这一部分的内容吧。

六种性格如下：

①欲望型

欲望占上风的情况，被称作欲望型。

②愤怒型

经常愤怒的人，被称作愤怒型。

③无知型

对事物缺乏观察能力、判断能力，人云亦云的人，被称作无知型。

④思考型

无论对什么事都想得太多，或者总是不停地在思考，无论何时何地都在胡思乱想，过度思考的人都被称作思考型。

⑤信仰型

轻易相信他人，对于信息不加分析马上信以为真，注意力不足的人，被称作信仰型。

⑥智慧（理性）型

能够明辨是非、洞察事物结果的人，被称作智慧型。内心有正确的道德标准，能够按照道德标准去生活。这种人与无论何时何地都在胡思乱想的"思考型"不同。经过思考和判断，觉得某件事是错误的，就果断地不去做。这种人就是智慧型的。

第六种智慧型的人在实际生活中很少见。很少有人能做到"知恶而不为"。最常见的是"得不到好处就不做了"这种欲望型的人。这种人放弃做某事的理由，是因为得不到利益。

另外，还请大家记住一点，这六种性格并不是从小教育培养逐渐养成的，而是与生俱来的。这是人的本能性格。

性格与过去

性格与我们的"过去"息息相关。因为回忆都不可避免地受到性格的影响。

当我们回忆过去的时候，会不自觉地掺杂个人偏好。因此，我们的记忆其实都没有价值。

比方说愤怒型的人，他回忆起的过去就会充满愤怒的情绪，或者无论想到什么都会不由自主地加入愤怒的色彩。"这个也不好，那个也不好""妈妈每天做的饭一点也不好吃，都是超市买来的减价食品"等。

同样的经历，换作是非分明的智慧（理性）型人想得就会不一样，"妈妈抚养我长大真是太辛苦了""妈妈真了不起，总是能买到便宜的食物，还能让我们吃得这么饱"。

诸如此类，当我们回忆过去的时候，都会受个人性格的影响而产生完全不同的结论。

有人可能会问，如果是智慧（理性）型的人，就可以做到理性地回忆起过去吧？尽管如此，之前我也提到过，在六种性格类型中，智慧（理性）型的人最少。虽然称作智慧（理性）

型，但因为是与生俱来的，所以也会存在一些问题。智慧（理性）型并不是后天教导出来的"理性"，所以也有可能出现因为想得太多而徒增烦恼的情况。

所谓真正的理性是需要一直不断学习和培养的。在佛教看来，培养理性首先就要承认并接受你的本性，然后再努力培养你的理性。一旦拥有理性，人们就可以正确地处理事情了。

也就是说，无论我们是哪种性格，存在于我们记忆里的"过去"都没什么意义。

到此为止，我们讲了过去。现在，让我们来看一看未来吧。

不必担忧未来

未来根本不存在

在老和尚看来，似乎每个人对未来都多多少少有一些不安。那么对于过去呢？

从前面的分析中，我们已经明白，其实并不存在所谓的"过去"。只不过因为曾经发生过，无法更改。所以说"过去"其实应该被称作"史实"。

在佛教看来，将来、未来其实并不存在。并且不同于"过去"，"未来"甚至连"史实"都不是。

请大家记住，未来是不可知的。如果你认为未来可以预见，那就大错特错了。

理性之人有时可以对未来做出一些自己的推测，但推测的结果也不一定很准确。才智超群之人也许能够推测出未来的发展趋势，但那也不一定很准确。所以说预测、预言等都是假的。世界上的预言家那么多，可是真正能让预言实现的一个都没有。

尽管如此，人们还是会选择相信预测和预言。

占卜师不能预见未来

被欲望、愤怒、忌妒、怨恨等情感的"病毒"所感染的人们往往特别在意未来。担心未来，是因为他们的欲望、愤怒、忌妒、怨恨等这些情感太强烈了。情感被污染，迫切地想知道未来会发生什么事。

如果有人对我说"想知道未来是什么样子"，我会认为这个人被欲望、愤怒、忌妒、怨恨等情感被"病毒"感染了。

相反，那些对未来一点也不关心的人，心境清净平和。

然而，我们当中的大多数人还是不停地推测着未来，做着虚幻的梦，甚至有人专门拜托占卜师替自己预测未来。

年轻的女孩子们经常去占卜吧。因为她们关心的问题很明确，"我什么时候能结婚"。看上去，占卜师们貌似给出了一个很好的答案，但这实际上也没什么了不起。因为从外表就可以看出这个女孩是不是男孩子喜欢的类型了。是不是擅长化妆，穿衣服的品位如何，这些都是一眼就可以看出来的。穿着打扮不上心、不擅长的女孩很难吸引男孩子的注意。于是占卜师就可以说"你这半年里都没有男人缘""如果穿这样的衣服，这样子涂口红的话，就会为你带来桃花运"等。而女孩子听了就信以为真。其实占卜师所说的也不全是骗人的东西，只是这并不算是真正的占卜罢了。

我虽然不是什么占卜师，但有时候，也会有女孩子找我占卜。那个时候，我就会很心平气和地回答她们，站在父母长辈的角度认真地给出建议。

掺杂情感就无法推测未来

如果被情感冲昏了头脑，人就会变得无知，没有理性。这样一来，就连推测将来的资格都没有了。

因此说，这里其实存在着一个相当矛盾的局面。

想要知道未来的人往往正是被感情缠身的人。而偏偏这种人看不到未来，甚至连推测未来的资格都没有。拥有推测未来资格的，是有理性的人，不被感情牵绊的人。但这种人对未来如何并不感兴趣。

金钱欲望强烈的人都想知道"将来的经济状况如何"。但是，另一些人认为无论我变成什么样，只要努力奋斗就行了。这种人对未来如何并不太关心，他们只是努力做好当下的事情。

对未来的预言实现的很少

宗教书籍里写的都是预言。

所谓预言，没有一个最后成为现实。曾经有多少人多少次地预言道："人类马上就要灭亡了，今年就是末日！"但我们现在不还是活得好好的吗？还有人煽动说，"神马上就要来接引我们了"，可是神一次都没有出现过。

我在读了一些预言家写的东西后，会不由得产生"这是带着愤怒的感情写的吧"这种疑问。因为他们的字句里充满了对人类的恫吓。他们自己的头脑混乱，口中胡乱地讲出一些类似宗教的东西来愚弄当时的人们。读一读宗教经典就会发现，里面全都是预言家的记录。然而无论什么样的预言家，都无一逃脱被当时的人们批判和嘲讽的结局。也许对于现代的我们来说，预言家是"生活在过去的值得敬畏之人"，但当时，那些生活在预言家身边的人对他更为了解。说不定在身边人的眼里，预言家就是一个"不正经工作，每天就只思考一些奇怪的东西并且到处宣扬的人"，他们会觉得预言家"是不是脑子有问题啊"。所以当时的人并不接受预言家。

不少预言家在临终前留下了大胆的预言，但这些预言根本不会实现。请大家不要担心，不会发生世纪末的大灾难，也不会出现长着七个脑袋的怪兽。放心，放心！

现在日本也有预言家。可是令人遗憾的是，没有一条预言命中过。甚至竟然还有一些自诩为"我才是唯一的神"的人去参加选举。要知道，日本的一些权贵对于历史悠久的政党尚且毫不关心，又怎么会去给一个突然冒出来的政党投票呢？我们一般人不具备预知能力，连下一秒会发生什么都不知道，但起码知道这个政党肯定会落选。所谓的"唯一的神"（全知全能者）竟然连这个都不知道，预言家的预言能力也不过如此吧。

佛陀能预知将来吗？

释迦牟尼是智慧集大成者。

尽管如此，释迦牟尼也从来不谈论将来，不做任何"预言"。

那是因为释迦牟尼佛没有"愤怒"。

释迦牟尼佛有时会做出一些推测：如果这种状态持续下去的话，将来有可能会变成这样。有时，佛陀也会说某个人："你一直这样下去的话，将来会堕入地狱。"但这并不是预言。因为说的是"一直这样的话""不改变想法的话"，所以是一种推测。

但佛陀也曾经说过预言性的话。那是关于三次企图暗杀佛陀的提婆达多的预言。佛陀说："他今生已经无药可救，下地狱是避免不了的事情了。"

佛祖这样说是有理由的。因为他分裂国家，破坏和平，犯了重罪中的重罪，犯下了罪行就无法挽回。有犯了罪的因就必然有承担罪的果。因此佛陀的这句话与单纯的预言还不一样。这个说法遵循因果法则。

佛祖圆寂前几乎没留下什么预言，但仅有的几个预言全都命中了。

比如说，巴利语佛典中曾经提到，"将来，会出现头发整齐、穿着华丽的人称自己为和尚""会有服饰奢华的人称自己是出家人"等。而实际上，这种人在现代社会的确存在。其实佛经是想警告大家"学习佛法误入歧途就会变成那样，所以请大家一定不要误入歧途啊"。

然而释迦牟尼佛并不是带着愤怒的情感说那些话的。佛陀只不过是给予大家一些信息，希望大家能够"改变将来"。佛陀曾告诫大家"将来的比丘们正因为这样才堕落"，我们需要时刻注意避免走向那样的堕落。释迦牟尼祖师对于将来的预测与其他宗教里的预言正相反。其他宗教里的预言是预测将来可能实现的事情，而释迦牟尼祖师的预言是誓示我们为了避免那样的预言变为现实而应该努力作出改变。如果对一个人说："你如果不改变现在的做法，那么一定会遭到报应，来世也不会有好结果。"即使这样说，也并不是说一切已成定局，所以那个人也没必要因此而意志消沉、情绪低落。这样警告你，只是希望你努力"改变事物的条件，进而改变事物的结果"。

佛教的末法时代

在日本的大乘佛教中有"末法"这样一个概念。"末法"指的是，将来世界上再也没有能够开悟成佛的人，佛教逐渐走向衰退的时期。

在巴利语的佛典里也提到过，"将来，能够开悟成佛的人会越来越少"。巴利语佛典里把佛陀的真理从人类当中完全消失的状态叫作"末法"。佛陀不降临世间的时代叫作"末法时代"。虽然佛陀降临世间，但人类忘记了佛陀的教义和实践方法，这也是"末法"。

但是在对于"末法"这个词的研究上，修行释迦牟尼佛教诲的人和修行大乘佛教的人之间产生了分歧。大乘佛教否定了释迦牟尼佛的初期经典，转而信仰大乘佛教的经典《法华经》，认为佛陀所讲的东西不灵验，认为它们是一时的、无效的。

在巴利语佛典中出现的"末法"概念只是理论上的。无论生前多么伟大的人，在他去世之后，随着时间的流逝，大家对他的兴趣也会逐渐淡薄下来，这是自然现象。佛陀所讲的佛法也是如此，随着时间的流逝，人们对释迦牟尼佛法的兴趣也逐渐淡薄。因此，实践佛法并且最终开悟解脱的人当然也越来越少。一旦开悟成佛的人没有了，那么就没有人能为下一个世代的人继续传授佛法。这就是"末法"。

因此，一些信仰佛法的佛教徒，正在竭尽全力地避免"末法"预言变成现实。在社会和政治混乱的时期，修行变得难上加难，这些时期有可能就是开悟者消失的时期。于是，为了让信徒们可以在这样的混乱时期独自修行并且修成正果，佛教徒们忠实而严谨地记录下佛陀的教诲，以便传给下一个世代的人。为了避免在对佛经的传承、翻译和解说的过程中出现错误而曲解了佛经的真意，修行者们对佛经的翻译和注释都制定了严格的规定并遵照执行。诸如此类，大批佛教徒为了将佛经流传到现代而做出了不懈的努力。

正因为佛典中提到了"末法时期即将来临"，所以大家才会为了避免末法时期的来临而不断努力。

预言是杞人忧天

崇尚佛法的人会发现，即使你翻遍佛教的典籍，也少有机会可以找到释迦牟尼佛的预言。严格上来讲，释迦牟尼佛基本上不讲预言，也从不谈及未来之事。

连拥有超脱智慧的佛陀尚且不去预言将来的事，作为普通人，我们对于未来的担心真是没有必要，都是杞人忧天。

被未来的梦迷惑了双眼，就会变得看不清现实。过于执着于未来的计划，人的性格就会变得顽固不化，不懂得随机应变。

享受每时每秒的当下时光

现在才是现实

只有此时此刻，我们才能去看、去听、去闻、去品尝、去触摸、去观察、去做各种各样的事情。也只有现在，东西才能被看见、被听见、被闻到。

坏掉的食物会散发出腐败的气味。但你不知道刚买来的时候它有多么美味！只有现在的东西，我们才能闻到、触摸到、品尝到，可以观察它。

若想在逆境中力挽狂澜，或者在顺境中锦上添花，都需要在"现在"这一刻来实现。此刻，一切皆有可能。

理性的人懂得把握现在。他们把注意力集中在看得见、抓得住的事物上面。

过去、现在与未来

所谓"三世"，指的是过去、现在和未来。

此刻的现实不断变化，此刻的世界变幻莫测。不信你看看光，是不是一直在流转变化？同一个东西每时每刻看上去也都不一样。我们看的荧光屏，以光的速度在变化，每秒钟都会不一样。正因为这些事物不断地在变化，我们才能够看见。那些逝去的、消失的现象都成了过去，现在才可见。过去虽然可以回忆，但已经是消失的现象了。

而未来完全不可知，也无法理解。谁也不知道下一刻会发生什么。"现在"在不停地流逝。因此，在这个世界上，我们每时每刻所经历的，其实都只是"不停流动的现在（此刻的瞬间）"。"现在"是流动的，并不是一个固定的概念。对于不懂得这个道理的人来说，才会存有这样的观点，觉得"过去"和"未来"都是存在的。

大家是不是也认为有过去和未来呢？

其实任何"过去"和"未来"都是"现在"。事实是，只有"现在"才是真实存在的。

如果懂得"现在"是无常变化的，就不会有"过去"和
"未来"的概念了。

活在当下

活在当下。除此之外我们别无选择。

不用特意强调"活在当下"，我们实际上也只能活在当
下。也就是说，任何人都只能活在此刻的当下。

尽管如此，为什么我们的人生还会充满各种各样的烦恼、
失败和失落呢？这到底是为什么呢？

勤奋的人懂得如何活在当下

因为我们的头脑里充斥着对现在和过去的妄想，以及对将
来的期待。

然而在同一个时间内，我们能完成的其实只有一件事情。
所以本来应该现在完成的工作却放着不去完成，就是懒惰。

看一个人此刻在做什么，就能判断出这个人是勤奋还是懒

惰。当下懒惰的人，生活中充满了烦恼、痛苦。我说的懒惰，是指把现在的工作放着不做，反而老是去考虑一些过去和将来的事情。这样的人不干活，就只能空烦恼了。

而勤奋的人从来不会被妄想所困扰。

不被妄想困扰，专心做此刻应当做的事情。这种人就是勤奋的人。这样的人不会有烦恼。因为他们根本没有时间烦恼。

追求当下的成功

当你拨开妄想的迷雾，开始真正关注当下的现象时，就会发现一切都变得很简单。

走出妄想的迷雾，就会发现原来一切都可以很简单地解决。对于活在当下的人来说，一切其实真的很简单。因为一切事情都可以简单顺利地解决，没有必要烦恼忧愁。

如果能做到这些的话，做任何事情都会成功。而下一个瞬间也是一样。人生就是每个瞬间的连续。做好每一个瞬间，人生就会真正成功。

当我们概念性地看待成功的过程时，就可以说"人生是成功的"。但是，请大家不要过于迫切地去追求成功的人生。

因为迫切地追求成功的想法是多余的、无法成立的，是妄想。只要当下的这一刻成功就足够了。至于考虑"什么时候才能成功"等，都不合逻辑。

忘掉过去和将来吧！只要努力做到此刻的成功就足够了。这就是"人生的成功"。

把人生看作是每个瞬间的集合

下面我来给大家讲一讲，怎样才能做到把人生看作是每个瞬间的集合。

请大家细细思考一下：多长的时间才是"现在"呢？你想象中的"现在"又是多长时间呢？

大家一定都读过很多书，充满学问，但恐怕没有人仔细思考过这个问题。所以借此机会希望大家可以从佛教的角度来思考"所谓的现在究竟是多长时间"这个问题。

发现了吗？无论大家怎么思考，都想不出一个符合逻辑的答案吧？

因为人本来就是没有逻辑的动物，人很随意、敷衍。在科学与数学的世界里，有各种各样的理论，然而人终究还是潦草敷衍的，从来没有什么具体性和现实性。人们经常嘴上说着"现在"，实际却不知道"现在"到底是什么意思。

是一年吗？还是半年、一个月？还是两周？一周？三天？一天？到底是多长时间呢？"今天一天"就是"现在"吗？

是十二小时吗？还是一小时？三十分钟？一分钟？……"一分钟"就是"现在"吗？大家发现，这样找，根本找不到严密而正确的答案。

"现在"的时间越短，成功就离得越近

请大家不要再试图寻找正确答案了，让我们具体地来定义一下自己的"现在"究竟是多长时间吧。大家可以把自己的"现在"定义为一年、半年甚至一个月都可以。因为无论怎样定义都不够确切。

但我们可以发现，"现在"的时间越长的人，成功的概率就越低。

也就是说，"现在"的时间越短，成功的概率就越大。

这就是成功的秘诀。怎么样？很简单吧。"现在"这个词所对应的时间越短，人就越容易成功。

如果一个人心里想着"现在指的就是今年",那么这个人一定很难成功。虽然比"现在指的是十年"这种人要好一些,但绝不会取得什么大的成绩。相反,"今天我一定要努力,今天不许失败"这种人,才会成功。设定的时间越短,能取得的成效越显著。如果把时间设定为"一小时",那么这个人就会变成不可超越之人。

没有在这"一分钟内"解决不了的事

在这里,我给大家一个建议。

活在俗世间的人们,把自己的"现在"定义为"一分钟"怎么样?

如果能做到这一点,那么无论是谁都会取得成功,获得幸福。让我们一起来告诉自己,"我的现在就是指这一分钟"。那么"现在我要努力"就变成了"这一分钟我要努力"。

让我们来想象一下,在这一分钟里我们是不是必须完成一项艰巨得毫无道理的工作呢?在这一分钟里,你是否有完不成的任务、无法超越的障碍、解决不了的难题、令人苦恼的事情呢?

假设现在你的腿很痛。这是一件无法解决的事情吧?假设现在你的腿有点痒。虽然这也是一个问题，但根本算不上什么大不了的问题吧。痒了，挠一挠不就行了吗？腿疼了就不必再垂直坐着了，放松地坐着不就行了吗？假设这一分钟坐在那里犯困了。这也简单，不是什么解决不了的事情，站起来不就行了吗？

其实没有什么事情，是我们在这一分钟里解决不了的，也没有什么是在这一分钟里无法成功的。那么下一分钟呢？也是一样。

每一分钟过得好，一生就能过得好

烦恼、痛苦、失落、失败，这些究竟是什么？

这些根本不存在。如果此刻的一分钟过得很好。那么等这六十秒钟过去了，还会有下一个六十秒。下一个六十秒也可以过得很好。再下一个六十秒也没有问题。

现在，大家明白了吗？我们所拥有的烦恼、痛苦、失落和失败等，都是虚无缥缈的，实际上并不存在。所谓的"摆脱烦恼"，是要摆脱什么样的烦恼呢？实际上，有什么烦恼真的需要摆脱吗？

烦恼是怎样产生的呢？是由于对过去的妄想、对将来的期待以及对现在的无可奈何而导致的。

比方说，此刻的一分钟，有人回忆起了中学时代被同学欺负的情形。如此一来，他就会产生烦恼。现在的他什么也做不了，什么也无法改变，所以只能烦恼。他回忆起中学时代被同学欺负的情形，在这一秒钟里就产生了无法解决的事情，产生了大问题。而这样的烦恼，其实根本不是什么现实的问题。

以上的讲解都是针对俗世间的版本。

请大家记住，《每天都是好日子经》原本并不是针对俗世间的人们所写的。那么在这里，我为什么把短短的几句经文讲得这么详细呢？因为这本经原本是针对出家人的。在出家人中，也只有达到阿罗汉的觉悟才能完全理解。所以这本经书的内容远远超越了俗世间的理解水平。

让每一分钟都很精彩

对于大家来说，把"现在"设定为"一分钟"已经足够，但对于佛教的修行者、出家人来说，这还远远不够。对于他们来说，一分钟还是太长了。因此，他们要把"此刻的一分钟"化为更小的单位。

让自己的注意力不断集中、集中，以求把"现在"缩短到"瞬间"的长度，缩短到不能再短。所谓的"瞬间"就是与光速相同、能缩短到最小的单位。

将时间缩得越短的人，成功的概率也就更高。将"现在"缩短到终极的单位，就会修得终极的成功。同样，大家如果能把人生的"现在"缩短到一分钟，那么你就会成为杰出的人，会获得无与伦比的幸福、成功和欢喜。佛教的修行者，如果认为一分钟太长而努力把"现在"缩短到"瞬间"的长度，这个人就会修得终极的成功。在每一瞬间，他都观想生灭、变幻。

如此一来，他就会发现"自我"只不过是妄想的概念，就会发现，欲望、愤怒、忌妒等都只不过是妄想的产物。

于是，我们从一切烦恼（污浊）中得到解放，达到完全解脱的状态。如果能做到将"现在"缩短到"瞬间"的长度，这个人就能够瞬间开悟，立地成佛。

因此，人生成功的道路也好，得到解脱的道路也好，其实只有一条。佛教并没有把宗教的世界和俗世间的世界划分、隔离开来。俗世间寻求成功的道路，同样也是通往佛教解脱与开悟的道路。只要把时间的单位缩短就可以了。把时间的单位缩短，就不再有过去和将来，不再有妄想。

每天都是好日子经

准备开始学习

在开始学习经文之前，首先我想问大家一个问题。

有多少人可以在每天结束时，欣慰地对自己说，今天是个好日子？这是判断一个人是否按照"佛教推荐的方式去生活"的最基本的标准。

在佛教里有这样一个箴言：

> 让我们每天都能做到对自己说："今天是个好日子。"让我们每天晚上闭上眼睛之前，都可以对自己说："今天是个好日子。"

很简单吧？

遵循这条箴言去生活，即使不去求神拜佛，也可以生活得很幸福。如果有人请我给他做个护身符，我就会用结实的铁链做一副手铐脚镣送给他，并且把钥匙藏起来。因为我想说的是，把希望寄托在其他什么事物上就如同戴上了手铐脚镣一样。

而佛教里最基本的态度是：要靠自己的力量让每天都变成好日子。

通过学习这本经书，如果我们每天可以对自己说："今天我没有任何烦恼，没有任何痛苦。今天是个好日子。"那么你的人生就真正幸福了。请大家一定要实践佛陀的教诲，走上通往人生最高幸福的道路。

讲到这里，大家应该已经做好了读这部经典的准备。

下面让我们来读一读全文吧。

把握每天的好日子

偈一

过往之事不可追，未来之事不可求

往昔一去不复返，来者不见空自忧

偈二

当下片刻诸现象，常想常念常观想

迷惑动摇皆抛弃，智者修此当下时

勤奋的人在此刻的一分钟里、此刻的瞬间里应有所为，内心从不彷徨动摇。这样的人根本无暇去胡思乱想，无暇为过去和将来的种种、他人及世间的琐事而忧心烦恼。这样的人只专注于此刻应该做的事情。做事本身就会成为一种乐趣。

因此佛陀说，生活在当下的人，内心从不彷徨动摇。这样的人才能拥有一颗强大而安定的心。

偈三

今朝之事今朝毕，明朝生死谁人卜
如若修得此种行，纵然生死不能扰

没有人可以保证自己能活到明天。我们都生活在"我一定能活到明天"的推测里。关于这一点我提到过，我们大家都生活在"我不会死"的前提里。

以不死为前提生活的人，不会为死做准备。而当真正的死亡临近的时候，就会陷入极度恐惧之中。其本人就会陷入大军压境般的恐慌，脑中仿佛有一颗巨大的炸弹爆裂开来，然而却无处可逃。活在"不死"幻想中的人，容易被过去所牵绊，为将来而烦忧。由于没有活在当下，所以当死亡临近的时候就会被巨大的恐惧所吞噬，然后悲惨地死去。正因如此，我才把这种感觉比作大军压境。

还有另一个意思。一不小心从台阶上滑下来有可能一命呜呼。染上了重感冒也可能因此而丧命。在我们周围有着各种各样能让我们丧命的可能性，几乎没有什么能保护我们的生命。

飞机的座位下都有救生包，但这并不能消除隐患。一旦飞机坠落，这小小的救生包又有什么用处呢？无论我们周围有什么，死亡总是不可避免的，死就是大趋势。而活在当下的人不会被这必然的命运困扰。

偈四

佛祖释迦如是云，昼夜不惰勤精进
世人若能修此行，每天都是好日子

勤奋的人、努力的人、精进的人、不懒惰的人，他们在此刻做着此刻应该做的事情。除此之外的人全都是懒惰者。懒惰者必将输给死亡。如果能做到不被时间、过去所牵绊，不被将来所困扰，只专心活在此刻的现实中，那么对于这个人来说"每天都是好日子"。

到此经文已经结束了。大家可以看到，这短短数句经文包含了多少含意。我花了很多时间给大家讲解了经文的内容。这些全都包括在这短短几句经文里。"我不会死"的先入观念，以及"怠惰"的观点也都包含在内。

"每天都是好日子"这句话，在日本已经成了有名的箴言。寺院里经常悬挂着这句话的字幅。我也曾开玩笑地问过别人是否知道如何来实践这句话。"每天都是好日子"并不是感官上的"今天感觉很不错"，也不是单纯的"今天做得很好"。想要实践这一点其实相当不容易。

最后，让我们把最重要的部分再重复一遍。希望大家能够牢记。

今天的事情就要今天完成。谁都不能保证明天一定会到来。

这是老和尚我对俗世中的大家的一句深切劝告。

今天应该做的事情，今天马上去做。也许明天死亡就会来临。请大家牢记生命苦短。所以现在就去努力吧。

只要大家记住这一点，生活中就可以远离烦恼。

《所有的累都是心累》
热卖中！

苦累皆由心生，不管有多忙碌，修得一颗自在心，
所有的累都会随之烟消云散。

阿鲁老和尚是当今日本影响力最大的佛学大师，是亿万信徒的心灵导师。

日本佛教的传统是深入世俗生活，因此更能理解和化解普通人生活中的烦恼与痛苦。

阿鲁老和尚开示，对待财富、感情、名利，不是不追求，而是不强求，才能不为之所累。只有修得一颗安稳自在的心，领悟得之我幸，不得我命，就能消除所有的累。不管有多忙碌，也不管遭遇什么样的困境，心不再累，人就会活力充沛，自在面对人生的一切。

翻开本书，让佛法消除你心中的累，所有的累都会随之烟消云散。

《与自己和解：治愈你内心的内在小孩》
热卖中！

你是否已淡忘了童年的经历？但那些记忆会深藏于你的潜意识中，在潜移默化中影响你的一生。一次父母打骂、一场噩梦般的考试、被同龄人欺侮孤立……这些被淡忘的童年创伤，就是被你遗忘的内在小孩。

内在小孩是你情绪化的根本原因，而你却根本不知道他的存在。也许某天，你就会突然开始生气、发火；也许你会对某些事特别敏感，甚至都不愿提起；也许你会有模糊的悲伤感，却找不到任何与悲伤相关的记忆。你甚至无法控制自己的情绪、思维，感觉全世界都在与你作对。

在书中，一行禅师运用佛教原理帮助你，返回内在最深处，觉察内在小孩的存在，与他对话，聆听他的声音，从而达成与自己和解的目的。如此，我们不再受情绪的摆布，心中没有怨恨，也不再迁怒他人。我们的人际关系也开始变好，我们因此懂得了爱，保有了爱。

翻开本书，跟随一行禅师的脚步，一步步回到自己内在最深处，拥抱、疗愈内在的小孩，与自己达成真正的和解。